製品開発を
成功させる
実現性予測法

著者：中沢 弘

近代科学社 Digital

はじめに

　日々多くの新製品が市場に出回ってきています。その中でヒット商品に
なるものがどれだけあるでしょうか。購入者が満足する十分な性能がバラ
ンスよく発揮できている、しかもコストも適正な製品がどれだけあるで
しょうか。最初の発想、企画は良かったけれども、期待どおりの諸性能が
出ないで市場から消えていった商品や製品がいかに多いことでしょう。本
書は、もし発想や設計が良いと仮定した場合、すべての機能的要求が完全
に実現できる理論を紹介します。

　製品開発の場合だけでなく、製品や設備を購入する場合にも失敗は許さ
れません。購入する製品や設備の要求項目がしっかり決まっていても、ど
れを選べば良いか選択に困ってしまうことがしばしばあります。トレー
ドオフの問題です。この性能は優れているのにこちらの性能は十分でな
かったり、ほかの製品は逆の特性があったり、性能はまあまあだが価格が
高かったり、さあどれを選択すればよいか悩んでしまうこともよくあり
ます。

　優れた製品を開発したり、多くの要求項目に合う設備を購入したりする
問題に、強力に支援してくれる、使いやすい新しい理論が本書で紹介する
実現性予測法（Π理論）です。

　この理論は筆者が1980年にボストンのマサチューセッツ工科大学に客
員研究員として赴任していた時に発見したアイディアを育てて完成させた
情報積算法をさらに発展させたものです。情報積算法はすでに大学院や
MBAでも教えられているところもありますが、そこで使われている情報
量という概念をより簡単に確率で計算できるように進化させたものが本書
の実現性予測法です。

　一方企画している大型の土木建設プロジェクトや経済界における
M&Aや企業における商品開発プロジェクトなど世の中には多くのプロ
ジェクトがあります。それらの実現性が高い信頼性で予測出来たらなんと
素晴らしいことでしょう。しかも確率的に予測できたらこんな素晴らしい
ことはありません。とくに大型のプロジェクトは失敗が許されません。そ
のプロジェクトを実行に移すかどうか決断するには、あらゆる関係分野に

おける実現性の確率が予測できなければとても実行の決断が下せません。
ようするに従来よりも信頼性の高いプロジェクトの評価法、つまり新しい
フィージビリティスタディのメソッドが求められています。本書で提案す
る実現性予測法はこのようなプロジェクトの実現性も確率的に予測するこ
とができます。

　従来のフィージビリティスタディは主として損益分析 (Cost Benefit
Analysis) で判断していました。しかしこの方法はすべての性格の異な
る、つまりディメンジョンの異なる検討項目の損失や便益をお金という尺
度にむりやり換算して便益の多いオプションを選択するというやり方で
す。何でもかんでもお金に換算しなければならないというところに無理が
あります。例えば技術的性能の損失と便益をお金に換算せよと言われても
困ってしまいます。また便益が出るとしてもそれがどれぐらいの確率で実
現するかということは教えてくれません。このような従来のフィージビリ
ティスタディの欠点を改善する新しいフィージビリティスタディも紹介し
てあります。

　本書の理論は確率計算が中心ですが、決して難しい計算はありません。
数学的な専門知識がなくてもだれでも簡単に使える理論です。

　この理論はある意味で斬新な手法です。今まで誰も気付かなかった手法
です。だからこそこの理論の正しさを示すエビデンスはどうなのかという
ことが問題になります。実はこの理論の発展形であるデザインナビという
製品開発手法が 2001 年に発表されてから、多くの企業が導入しました。
実際に 2014 年まで集計しましたが、60 社以上の企業（それ以降は調べて
いません）が導入していることが分かっております。それらの企業では短
い開発期間で素晴らしい成果を上げていることに鑑みれば、その手法の
ベースになっている実現性予測法のエビデンスが証明されていることは明
らかです。

　新しい製品を開発することは一般にお金と時間がかかってしまい、しか
も今進めている開発が本当に成功するかどうかの保証もまったくないまま
に進めなければなりません。ところがこのデザインナビは短期間に最良の
製品が開発できるだけでなく、もし成功の可能性のないデザインであれ
ば、早い段階でその開発は成功しませんよということを教えてくれるの

です。

　さらに製品開発からプロジェクトのフィージビリティスタディまでを通して欠かすことのできない重要な作業は発想です。従来から提案されているいろいろな発想法はいま一つしっくりしない感じがぬぐえませんでした。その原因は正しい思考法の手順を教えてくれるものがなかったからではないでしょうか。そこで筆者が考案した従来にない発想の手順を教えてくれるメタコンセプト発想法を最後に紹介します。

　本書は次の 4 部で構成されています。

　第 1 部　実現性は予測できる：実現性予測法ができるまでの歴史と実現性予測法の理論を分かりやすく解説しています。

　第 2 部　最強の製品開発ツール：実現性予測法の発展形であるデザインナビの理論と実際に応用して素晴らしい成果をあげた開発事例を紹介しています。

　第 3 部　プロジェクトの実現性を予測する：プロジェクトの実現性を予測する新しいフィージビリティスタディの解説と商品開発プロジェクトを例に、新しいフィージビリティスタディのより具体的な使い方を解説しています。

　第 4 部　正しい発想法：まず発想の間違いやすい原因を明らかにしてから、メタコンセプト発想法の使い方、および実現性予測法から導き出されたトータル設計発想法を合わせて紹介しています。

　本書で提案した実現性予測法の理論は、製品開発やフィージビリティスタディの分野のみならずわが国の政治、経済、経営、科学技術、生産技術のあらゆる分野のあらゆる場面で使うことができます。社会で活躍されているすべての分野の方々に必須の知識だと考えます。つまりこれからは高等教育で、文系や理系を問わず、必須科目としてカリキュラムに組み込まれなければならない新しい学問分野だと考えます。本書がその嚆矢になれば執筆した苦労が報われます。

2021 年 4 月

中沢　弘

目次

第3部　プロジェクトの実現性を予測する ―新フィージビリティスタディ―

第4部　正しい発想法

第1部
実現性は予測できる
—実現性予測法（Π 理論）—

第 1 章　実現性予測法のできるまで

　第 1 章では本書で主役を演じる実現性予測法がどのような背景と経緯で成立したかを解説します。実現性予測法成立の歴史に興味のある方はここからお読みください。もし実現性予測法をすぐにでも使いたい場合は、本章を飛ばして第 2 章からお読みいただいても実現性予測法の使用には差支えありません。

1.1　従来の予測法

　「実現性予測法 (Realization Estimation Method、REM)」とは「すべての機能的要求を包括的に捉えて公理的に確率的にシステムの実現性を予測する方法」という意味です。以下の説明に入る前にまず基本的な言葉の定義について説明しておきます。これらの定義については第 2 章以降でも再度解説します。人が何か目的を実現しようとする時その目的を実現するためにデザインされたものを「システム」と呼ぶことにします。システムはハードだけでなくソフトも含む幅広い意味を持ちます。日常的に何かを買いたいという時の対象から、開発しようとしている製品、例えば家電製品や自動車や航空機から国家的プロジェクト、例えばダムを建設するとか高速道路を建設するとかの大きな対象までも含みます。

　人が何か目的を実現しようとする流れを詳しく見ると、まず目的が決まり、それを実現するための要求項目と目標値が決まります。それをもとに概念設計がなされ、より具体的なシステムの詳細設計が作られます。「デザイン」とはこれらの設計プロセスすべて含むと本書では考えることにします。このようにして具体的なシステムがデザインされますと、システムの各要求項目がどの程度実現できるかが予測できます。この要求項目を「機能的要求 (Functional Requirement)」と呼ぶことにします。これらの言葉の準備のもとに実現性予測法が発明されるまでの歴史の説明に入りましょう。

　我々の日常の行動を見てみると、全てに共通しているあることに気がつきます。それは当然ですが目的もって行動しているということです。日常生活の些細なことは実現できるだろうかなどと疑うことはありませんが、

海外旅行をするとか家を建てるとかいう少し大きな目的になると実現でき
るだろうかということが気になります。つまりその実現性を予測しようと
します。一般にどのような方法で予測するでしょうか、もしくは予測でき
るでしょうか。色々な予測（必ずしも未来事象に限りませんが）の方法が
ありますが、以下に従来使われてきた主なものを概観してみましょう。

直感

　まず一般に手っ取り早く済まそうとする場合には「直感」を用います。
直感は人間の持っている優れた実現性予測手段です。古今東西で直感の優
れている数々の人は優れた決断・行動をして人々に感動を与えてきまし
た。この直感の能力を磨くことは、人間にとって最も大切な訓練の一つで
しょう。これは教育によって強化されることが望ましいのですが、現在の
学校教育ではこのような教育が意識的に行われているとは言い難いでしょ
う。また残念ながら優れた直感能力は誰にでも与えられているものでもあ
りません。またいつも直感が正しい答えを導き出せるとは限りません。現
実の問題は複雑で直感では扱いきれない場合が多いからです。特に多数の
機能的要求があり、しかも項目によっては要求の度合い（重要度）が異
なったり項目同士でトレードオフ[1]があったりする場合には、正しい結論
を直感で導き出すことはほとんど不可能です。

期待効用

　「期待効用」という予測法があります。この方法は実現性の予測だけで
なく実現した場合の効用を組み合わせた方法です。例えばある受験生が受
験日の同じ大学 A と B のどちらを受験するかを決めなければならない場
合、その受験生はどのようにして受験する大学を選択するでしょうか。こ
の場合二つの曖昧なことを推定しなければなりません。一つは両大学を受
験した時の受かる確率であり、もう一つは A 大学に受かった場合の自分
の人生に対する効用と B 大学に受かった場合の効用の推定です。

1　例えば掃除機を買うとき吸引力は強いが音がうるさい製品と静かだが吸引力が少々弱い製
品とどちらを選ぶかというような問題です。

　合格の確率は偏差値からある程度推定できるでしょう。次は効用です。これはなかなか客観的に正しく決め難いでしょう。しかし大学をどのような項目で評価するかが決められ、しかもある程度客観的なデータが集められれば効用の実現性予測も可能になるかもしれません。従来は大学に対する複数の機能的要求を総合的に評価する方法がなかったので、例えば 10 点法で A 大学は 8 とか B 大学は 6 とか適当に推定していました。このように合格する確率と効用を表す数値とを掛け合わせて数値の大きい大学を選ぶという方法です。こうしてみると期待効用も大学の効用の推定というところでかなり勘に頼らざるを得ない方法であることがわかります。でも本書の実現性予測法を組み合わせればかなり効用の実現確率を正確に予測できますのでこの方法は合理的に使えるでしょう。

　蛇足ですが私でしたらこのような決め方で大学を選びません。自分の夢（ビジョン）を実現するために必要な専門科目があるか、自分が師事したい教授がいるかなどで選びます。合格率はそれほど重視せずに自分の夢（ビジョン）を何としても実現させるように努力します。

費用便益分析

　ある目的を実現させるために、いくつかの代替案（システム）のうちどれが良いかを選定するのに費用 (Cost) と便益 (Benefit) という二つの観点から評価を行うのがこの「費用便益分析 (Cost Benefit Analysis)」です。注意すべき点はこれで良い案が選ばれたとしてもその実現性までは予測できないということです。

　費用はその案を実現するために必要となる全ての資源を金額で評価したものを言います。便益はその案が実現した時にもたらされる効果を金額で表したものです。

　例えば「G 市から H 市まで高速道路を建設したい」というプロジェクトがあったとします。ルートとして A、B、C があったとします。それら各案について例えば移動時間の短縮、交通事故の減少などの直接便益と、地価の増加、地域産業の促進などの間接便益の二つの金額を見積り、それを便益とします。騒音や大気汚染などは環境的マイナスの費用として見積もらなければなりません。

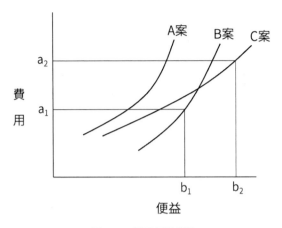

図 1.1　費用便益分析

　一方、土地買収費など道路建設費を費用として見積もります。便益を横軸に費用を縦軸にとってグラフにすると図 1.1 のようになったとします。これらのデータを基に案を評価・選定するわけです。例えば費用を a_2 一定で便益を最大にする案を選ぶとしたらし C 案が最良になります。一方便益を b_1 一定に抑えて費用が最小なる案を選ぶとしたら B 案が最良になります。

　この方法は費用と便益の二つだけで評価すれば良いので一見簡単明瞭のようですが、まず何でもかんでも金額に合理的に変換しなければならないというのが大変であるのと、例えばこれに建設期間に対する要求がさらに追加された時には、もうどれを選んで良いかわからなくなります。また先に述べた通りその案の実現性がどの程度あるかということは全くわかりません。

点数評価法

　「点数評価法」も複数の代替案（システム）がある時に各案を点数で評価して点数の大きい案を最良のものとして選ぶ方法です。これは費用・便益分析と違って実現性も考慮して採点すれば実現性の予測が理論的には可能になります。

　最も単純化した例で説明しますと、あるシステムを 3 社から購入することを考えた場合、システムの性能 1、2、3、コスト、企業のアフターサービス体制などが問題になったとします。これらの機能的要求を列記してそれぞれの候補に対して点数をつけます。一つの例としてそれを表 1.1 に示します。ここでは機能的要求が 6 項目あります。いろいろな点数の付け方がありますがここでは 5 点法を採点しています。

　一般に機能的要求の間には重要度の違いがありますから、差別化を図るために重み付けという作業をします。ここでは 4 段階の重みづけがされています。そうして各案の評価点数に重みをかけた数値を計算してその合計を求めます。その合計点の中で一番点数の大きい案が一番良い案ということで選定されます。この例では A 案が選ばれます。

　この点数評価法にも問題点があります。例えば性能を完全に満たさない欠陥のある機能的要求があっても、合計点が大きければ採用されてしまうという問題です。そうすると欠陥のあるシステムを採用することになってしまい後々に大問題に発展する危険性があります。例えば A 案は性能 2、3 が素晴らしいとはいえ、そのメーカーのサービス体制が全くダメなのに合計点が一番大きいというだけで選ばれてしまいます。設備を購入した後でトラブルが発生したら解決できなくなってしまいます。つまりこの点数評価法は部分最適（良い項目が多ければよい）で評価され、全体最適な案を選ぶ方法ではありません。さらに重み付けの配点次第では結果が変わっ

表 1.1　点数評価法

項目	重み	A案		B案		C案	
		評価	重み付けた評価	評価	重み付けた評価	評価	重み付けた評価
価格	3	4	12	3	9	4	12
性能 1	3	4	12	4	12	2	6
性能 2	3	5	15	4	12	2	6
性能 3	4	4	16	4	12	3	12
安全性	2	4	8	3	6	3	6
サービス	1	2	2	3	3	3	3
合計			65		58		45

てしまいますから、重み付けを合理的に決めなければなりませんが、これを合理的に決めるのにも困難が伴います。

タグチメソッド

　「タグチメソッド」とは、イギリスの遺伝学者であり統計学者のR.A.Fisher により農場実験の合理化のために開発された実験計画法をもとに田口玄一が開発したシステムのパラメーター設計法です [1]。現在工業分野を含む多くの分野で用いられています。タグチメソッドの本来の使い方を簡単に説明しますと、例えば工業分野を例にとると、ある部品の生産性を高めたいという目的を達成するために、影響を与えると推測されるパラメーターとその水準を直交表²に割り付けます。この直交表に従って実験データもしくはシミュレーション結果を求め最適なパラメーターを決定します。その意味でタグチメソッドは一種の予測法です。しかし、タグチメソッドでは機能的要求は 1 項目に限られます。しかも目標値の設定ができませんし、かなり複雑な手順になります。これらの欠点をすべて解消したのが実現性予測法をもとに発明された「デザインナビ」です。第 3 章、第 4 章で詳しく紹介しますがデザインナビの方が使いやすさや適応能力の広さで優れていることを理解されるでしょう。

フィージビリティスタディ

　「フィージビリティスタディ (Feasibility Study、FS)」とは「あるプロジェクトが提案されたときに、関係するすべての分野（項目）でそのプロジェクトの実現性を検討し、そのプロジェクトが全体最適的に実現できるかどうかを予測すること、または実現するようにプロジェクトを修正すること」と本書では定義します。プロジェクトは国家プロジェクトから企業の商品開発までサイズも種類も千差万別です。例えば高速鉄道の建設、劇場やホテルの建設、研究調査船舶の購入、燃料会社の排水処理、国の生涯教育用プラットフォーム、はては灰色オオカミのある地方への導入などきりがありません。当然その対象によってフィージビリティスタディのや

2　　水準や直交表については 3.2.3 に詳しく解説してあります。

15

り方はアドホックで異なります。

　フィージビリティスタディで検討しなければならない項目や関連する分野はプロジェクトの種類にかかわらず多数あります。したがってプロジェクトの良否を評価する場合、まったく種類の異なる項目や分野を統一的に評価する尺度が必要になります。例えばこのシステムはこの分野ではこういう問題があり評価が低いけれど、こっちの分野ではこんなに優れていますなどなど、各分野の分析結果を羅列的に提示するだけでは意味がありません。そのプロジェクトを進めてもいいのかどうか、どこを修正すれば実施できるのかなどが全く分かりません。ところが現在のフィージビリティスタディはこのレベルのままです。つまり使いにくい手法なのです。

　従来のフィージビリティスタディではこうした問題に対して統一的単一的な評価尺度がなかったのでコスト便益分析などが用いられていました。しかしこれは前述した通りかなり無理があります。

　もう一つの方法は提案されたいくつかのオプションの各項目の評価を◎、○、△などというラフな評価をして、相対的にどのオプションを選ぶか人の勘で選択します。すべての項目をトータルに一つの客観的に評価する尺度がないので最後には危ない人の勘に頼ることになるし、選んだオプションの実現性がどの程度あるかという評価もできません。

　そこで本書では一つの解決案を提案しています。つまりどんな分野にも共通して無理なく使える実現性を予測する尺度として「実現確率」を提案しています。この尺度をプロジェクト全体として「システム実現確率」として統合することにより、プロジェクトを総合的に単一の数値で評価できるようになりました。しかもどの程度の確率で実現できそうか、問題のある項目はどれか、その項目の実現確率を上げる改善を施した時全体としてどれくらい実現性が向上するのかなどなどが明らかになり、今までの問題点がすべて一掃されて信頼性の高いフィージビリティスタディに変身しました。これが「新しいフィージビリティスタディ」で第 5 章、第 6 章で詳しく説明してあります。

　以上の他にも消去法やレーダーチャートなど多くの実現性評価法があり

ますが詳細な説明は省きます。いずれの方法も実現性をホリスティック[3]に確実に評価する方法ではありません。つまりあるシステムがどの程度の実現性があるかをホリスティックに評価するには、すべての機能的要求に目標値が明示的・定量的に設定されており、かつその項目の特性のばらつく範囲が求められていて、それから求まる実現性の確率が計算されなければ、そのシステムの実現性は合理的に求められません。

　さらにその実現性評価法は一つでも実現性の低い項目が存在する場合はそのシステムは決して選ばれないという保証がなければ安心して使えません。つまり全体最適な案を選べる方法でなければなりません。そうしないと欠陥のあるシステムが選ばれて後々に大きな問題を抱えることになるからです。上記の色々な方法の欠点をすべて補って、かつ合理的に複数の機能的要求をまとめてシステムの実現性を評価できるのが本書で提案する「実現性予測法」です。

1.2　実現性予測法が発明された経緯

　本書で提案する実現性予測法の起源となる研究は、筆者が 1980 年にマサチューセッツ工科大学 (MIT) の N.P.Suh 教授のもとに客員研究員として滞在した時に始まります。当時 Suh 教授は公理的設計論[2]を提唱しておられ、筆者がその中で使われていた情報量を定量的に計算する方法を提案したことが情報積算法の発明につながり、さらにデザインナビにまで発展しました。情報積算法は 1983 年に「情報量の概念を用いた工程設計法」[3]として初めて発表しました。また 1984 年には文献［4、5］でも発表し、さらに 1987 年には『情報積算法』[6]という書籍にまとめました。しかしこの情報量という言葉は情報理論の情報量という言葉と混同されるという問題があり、2006 年に文献 [7] でレクサットという言葉に変更して以降この名称に統一しています。本書ではオリジナルが情報量という概念を用いて理論が構築されていますので、本章では情報積算法で使われた言葉を用いて説明します。この情報積算法からいかにして実現性を予測す

3　全体を包括的にとらえる意味です。「最適」と組み合わせるときは「全体最適」という言葉を使います。

る実現性予測法に発展してきたかを以下に説明しましょう。

　情報積算法の研究は Suh 教授が提案した設計公理「情報量最小の公理」から出発した関係で、情報量という概念、正確には情報理論で言う自己エントロピーの式から出発しています。しかしその後情報量の式の解釈を変えました。つまりある状態が実現する確率を P としますと、確率は小さくなるほど実現しにくくなります。実現しにくいということは、その状態を実現するのに多大な努力、大量の物質、エネルギー、情報、仕掛けなどが必要になるということです。情報量はこれらの努力の量を表す状態式として解釈することにしました。これが情報積算法の基本概念である情報量の式を用いた背景です。この状態を表す関数 E を次式（情報理論の情報量と同じ式）で定義しました。

$$\mathrm{E} = ln\frac{1}{P} \tag{1.1}$$

ln は自然対数の意味です。さてこの状態式を用いてシステムの機能的要求に関する実現性をどのように予測したら良いかを次に示します。システムの機能的要求を実現するには、ある機能的要求の最初の状態から目標とする状態までもっていくことが必要になります。この状態変化の大変さが測れればシステムの実現性が予測できます。そこで、あるシステムのある機能的要求において図 1.2 に示すように最初の状態 1 の状態量を E_1 目標とする状態 2 の状態量を E_2 としますと、この状態量の差 I（これも情報量です）で実現性の容易さ困難さが判定できます。式 (1.1) と組み合わせると次式になります。

$$I = E_2 - E_1 = ln\frac{1}{P_2} - ln\frac{1}{P_1}$$

ここで確率 P_1 は既に存在して実現している状態ですから 1 となります。そうすると第 2 項は 1 の自然対数ですからゼロになります。つまり式は単純に

$$I = ln\frac{1}{P_2} \tag{1.2}$$

となります。ということはこのシステムのこの機能的要求の実現性を計算するには $ln\frac{1}{P_2}$ だけを計算すればよいことになります。もう少し突き詰め

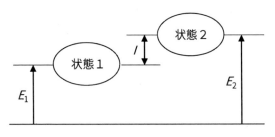

図 1.2　状態量の差 *I*

れば P_2 だけを求めればよいのです。

　さて情報積算法ではこのようにして求めた「全ての機能的要求の情報量 I_i を合計し、その合計（積算）値の最小なシステムが最良である」という公理（前述の Suh の公理を定量的に表現した公理）に従ってもっとも実現性の高いシステムを決定していました。

　例えばあるシステムに三つの機能的要求があったとします。その各実現確率を P_1、P_2、P_3 とすると、そのシステムの情報量の合計 I は、

$$I = ln\frac{1}{P_1} + ln\frac{1}{P_2} + ln\frac{1}{P_3} = \ln\frac{1}{P_1 P_2 P_3} \tag{1.3}$$

となります。

　ここで関数 ln の中を見てもらうと分かりますが、三つの機能的要求の実現確率を掛け合わせた複合確率の逆数になっています。ということは、わざわざ情報量というような特別な関数に変換しなくても、単に各実現確率を用いて複合確率を計算すればシステム全体の実現性が求められることが明らかです。つまり情報量最小ということは確率の積が最大という意味になります。ここに気が付いて、本書の実現性予測法が確立されました。第 2 章でいよいよ実現性予測法の内容に迫ります。

参考文献
[1]　田口玄一、「実験計画法」（上、下）、丸善、2000 年

[2]　Suh, N.P., Bell, A.C., Gossard, D."On an Axiomatic Approach to Manufacturing System", *J. Egg. Indus. Trans. ASME*, 100, p. 127-130(1987)

[3]　中沢弘、情報量の概念を用いた工程設計法、「精密機械」、49(9)、pp1246-1250(1983)

[4]　Nakazawa, H.,"Information Integration Method",*Proc .Int .Symp .on Design & Synthesis*, pp.171-176 (1984)

[5]　Nakazawa H., Suh, N. P."Process Planning Based on Information Concept" *Robotics & Computer Integrated Manufacturing.* 1, 1, pp.115-123 (1984)

[6]　中沢弘、『情報積算法』、コロナ社、1987 年

[7]　中沢弘、『製品開発のための　デザインナビ』、工業調査会、2006 年

第 2 章　実現性予測法

　本章では実現性予測法の理論と使い方を説明します。システムのすべて
の機能的要求に対する実現確率を求めそれを公理に基づいて統合してシス
テムの全体最適的な実現性を判断します。この計算にはパラメーターのば
らつく範囲を客観的なデータを集めて計算する必要がありますが、いつも
それが可能であるとは限りません。その場合に感性評価でデータを集めて
計算することもできることを説明します。

2.1　実現性を測れる尺度が求められている

　実現性予測法の定義は第 1 章で述べましたが、ここに再録します。「実
現性予測法 (Realization Predict Method)」とは「システムのすべての
機能的要求を包括的に捉えて公理的に確率的にその実現性を予測する方
法」という意味です。

　ところで以前『ビジョナリーカンパニー』[1] という本がベストセラー
になりました。ビジョナリーカンパニーとは何十年もの間、超一流の地位
を保っているカンパニーです。著者らは、ビジョナリーカンパニーとなる
ためには社運を賭けた大胆なプロジェクト（事業計画）を打ち立て実現し
なければならないと主張しています。しかしいくら大胆なプロジェクトを
掲げてもそれが実現できるという保証がなければなりません。つまりプロ
ジェクトの実現性の予測が重要になります。

　本書の実現性予測法は個々の機能的要求に対する実現確率を求め、それ
らを用いてシステム全体としての実現確率が予測できるのです。社運を賭
けるような大胆な目標をかかげたプロジェクトを実行しようとするとき、
経営者は、レポートを見てあらゆる面からその可能性を十分調査検討でき
ていると考えるでしょうが、いざ決断し実行に移すときには客観的な実現
性の尺度がないと自分の勘を頼りに判断しなければならないのでかなりの
勇気が必要になります。このようなとき、システム全体として個々の機能
的要求の間にトレードオフがあっても全体として実現可能性を予測できる
合理性と信頼性のある尺度があれば、かなり自信を持って決断し実行で
きるはずです。その尺度が実現性予測法で提案する「システム実現確率」

です。

　以上のことをさらに一般化して考えてみると、日常の仕事の進め方において一つの類型に気がつきます。それはある「要求」があると、それをまず「概念化」します。この概念化されたものが初期の「システム」です。ここでのシステムは、提案、設計、企画、経営計画、政策など実現しようとする具体的な対象を含みます。システムの内容をより詳細に表現するものが仕様とか要求項目とか呼ばれるものですが、本書ではこれを「機能的要求 (Functional Requirement、FR)」という言葉を用いることにします。この機能的要求という言葉はいわゆる性能だけではなく、コストとか、納期とか、安全性、社会貢献など幅広い要求を含みます。しかも具体的な目標値も含まれます。

　システムは初期の段階では、具体的なイメージがもちにくいので機能的要求（項目と目標値）を決めにくいのですが、それでも目標値は具体的な数値で示されなければなりません。しかも、ほとんどの場合その値は範囲で示すことになります。なぜなら現実のものは、一つの値では決められない場合がほとんどだからですから。

　概念化のステップが終われば次にこの機能的要求に基づいた具体的なシステム設計に移ります。このような具体的なシステムを創造することを本書では「デザイン」と呼ぶことにします。システムの案は一般に複数作られます。それを「オプション」と呼ぶこともあります。例えば経営計画にしても複数の案を作り、それらが役員会にかけられて最も目的を実現する可能性の高いものが選定されます。

　そこで重要になるのが、この中のベストなシステムを選ぶというプロセスです。このベストなシステムというのはすべての機能的要求の目標値を全体として最も実現性高く満たしているシステムということです。ところが現実には機能的要求は互いにディメンションが異なり、同列で評価することができません。さらにある欲求を満たそうとすると他の要求が十分に満たされないというようなトレードオフもよく起こり、選択が非常に難しくなります。そのような状況の中でベストなものを選べなければなりません。そこですべての機能的要求が最も実現されやすいと予測される案を単純に選べる方法が求められます。それが本書で提案している実現性予測法

です。では前述の一般的な流れを具体的な自動車の例で以下に説明しましょう。

　表 2.1 を見てください。古いデータで申し訳ありませんが、これは1985 年のリッターカー（エンジンが 1000 ccの車）のデータの一部です。このデータは当時の消費者雑誌に紹介されていましたが、ではどの車を選べば良いかということまでは言及されていませんでした。ではこの 6 車種の中から表 2.2 に示す燃費から価格までの目標値（以後「デザインレンジ」という言葉も使います）を最も実現できる車を選び出したいというときにどうしたら良いでしょうか。このように具体的なデータを与えられたとしても、各機能的要求の物理量が異なり、しかも機能的要求間にトレードオフがあると、全体最適的にどの車がもっとも要求性能の実現性が高いかを選ぶのに困ってしまいます。

　さらにこの場合、大部分の項目はかなり実現性が高いが、ある項目は全く実現性がないという車では困ります。例えば、加速性能は格段に優れて実現性が高いが、燃費は目標をほとんど達成できないというのでは困ります。欠陥のない、目標値を全体最適的に実現できる車を見つける方法は、すべての機能的要求項目の目標値が全体としてバランよく実現されている車を見つけられる方法でなければなりません。

　ということは部分最適ではなく全体最適な、最もバランスの良い車を見つけられる方法が求められているわけです。別の見方をすると、性能が表2.1 に示すように、ある範囲で変動してしまっても（一般に車の性能は使用条件によって常に変動する）、変動まで考慮して表 2.2 の要求性能を全

表 2.1　リッターカーの性能表（1985 年のデータ）

評価項目	A 車	B 車	C 車	D 車	E 車（Cのオートマ）	F 車（Bのディーゼル）
燃費（km/l）	12.4~24.6	11.1~21.9	11.0~21.8	11.4~22.1	8.7~16.7	15.7~25.6
加速性能(s)＊	4.7~15.9	4.3~14.4	4.8~16.6	5.0~16.9	5.0~15.2	6.1~23.1
室内騒音(phone)	45~68	49~71	45~68	48~69	45~68	58~74
トランク(l)	102	148	178	169	178	148
価格（万円）	82.8	84.4	82.4	77	86	91.9

＊40km/hから80km/hまで加速する時間

表 2.2　リッターカーの要求性能

機能的要求	燃費（km/l）	加速性能(s)	室内騒音(phone)	トランク容量(l)	価格（万円）
デザインレンジ	15.0以上	12.0以下	55以下	120以上なら良い	80以下なら良い
				50以下なら不可	120以上なら不可

体最適的に最も実現しやすい車を見つける手段がほしいわけです。

　このケースのように全体最適的に実現性の高いシステムを選ばなければならない場面は一般の仕事でも度々遭遇します。というよりは選定という行為が必要な場面では必ずといってよいほど全体最適なシステムを選定しなければなりません。

　機能的要求を実現するということを詳しく見てみると、機能的要求にはそれぞれ目標値があります。したがって機能的要求を実現するということは、各要求項目でその目標値がどれくらいの確率で実現できるかということです。つまり実現性を予測するということは、どれくらい目標値が実現できるかを確率的に測れるものでなければなりません。

　各項目の実現性を測れる尺度ができたとして、では全体として評価するにはどうしたらよいでしょうか。直観的に思いつくやり方は、各機能的要求の実現性が定量的に求められたとして、これらを統合した総合尺度を用いる方法です。もしこの総合的な尺度が、たとえ項目間にトレードオフがあっても全体最適的な実現性を予測してくれるのであれば大成功です。

　繰り返しますが、その総合的な尺度が良くてもその中で実現性（実現確率）の異常に低い項目、つまり欠陥が隠れてしまっていては何にもなりません。いずれかの項目に欠陥があるときは、全体としての実現性の確率が低い値となるような特性がその総合的な尺度に要求されます。以上のような戦略で 1983 年に情報量という概念を用いて確立されたのが情報積算法です。それをより使いやすく進化させたものがここに紹介する実現性予測法です。

2.2　実現確率

　ではいよいよ実現確率について説明に入りましょう。確率論になじみの

薄い読者を混乱させないためにあえて厳密な数学的説明を省きます。直観的に理解してください。確率とは一般に「ある具体的な状態や結果になりうる度合い」と説明され、その度合いは 0（その状態になりえない）から 1（完全にその状態になる）までの値で表現されます。この確率の対象にはいろいろなものがあります。成功する確率、失敗する確率、がんになる確率などなどですが、ここでは設定した目標値が実現する確率を「実現確率」と呼ぶことにします。

　前掲の表 2.1 にある A 車の燃費を例にとってその燃費の目標値がどのように実現できるか確率を使って表してみます。表から A 車の燃費は運転の仕方によって 12.4 から 24.6km/ℓ の間の値を取ります。どの範囲の燃費がどのぐらいの割合で発生するかという特性を示すのに確率密度という関数を用います。グラフに表すと図 2.1 のようになります。横軸は確率変数と呼ばれますが本書ではパラメーターと呼ぶこととします。

　さて燃費の発生する特性は確率密度曲線で図 2.1 に示すように表されますが、運転条件や運転する人の癖などからいろいろなパターンが考えられます（実際はもっと複雑なグラフになります）。この曲線の意味をもう少し説明しますと、ある燃費の幅を考えたとき、その幅とその幅で切り取られた曲線と横軸で囲まれた面積が、その幅の間の燃費が発生する確率を表します。したがって曲線と横軸で囲まれる全面積の燃費は必ず起きますから確率は 1 となります。

　一方燃費の目標はある指定値（この場合は古いデータで申し訳ありませんが 15km/ℓ）より大きければよいわけです。これが目標として実現したい範囲です。これを「デザインレンジ (Design Range)」と呼ぶことにします。この場合のデザインレンジは図 2.1 のようになります。

　実際前述のとおり、燃費はこの車がどのような使われ方をするかによってこの曲線は変わってきます。しかも、不特定多数に販売される車ですから、ある特定の確率密度曲線に適した車を開発してしまうと、それと違った使われ方をされた場合に良い結果が得られません。つまりある特定の確率密度曲線を用いると誤った評価を出してしまうことになります。したがってこのような場合は図 2.2 のような確率分布を採用します。この確率分布を「一様確率密度分布 (Uniform Probability Distribution)」とい

います。この分布の場合一定の幅の燃費を考えるとどこのパラメーターの位置でも同じ確率で燃費が起こることを意味します。ある特定の燃費の確率が異常に低くなったり高くなったりする運転は非現実的ですから、この一様確率密度分布はある程度の合理性があります。

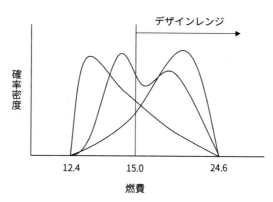

図 2.1　A 車の燃費 (km/ℓ) と確率密度曲線

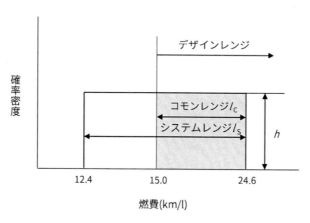

図 2.2　A 車の燃費 (km/ℓ)

　ここでこの性能（ここでは燃費）のばらつく範囲を「システムレンジ (System Range)」と呼びます。デザインレンジとシステムレンジの共通部分を「コモンレンジ (Common Range)」と呼びます。良い自動車を開発する（または選ぶ）ということは、性能のばらつく範囲であるシステムレンジが、すべてデザインレンジに入るようにする（入っているものを選ぶ）ことです。そのような自動車が開発されれば（選ばれれば）、どのような運転の仕方をされても燃費は要求する範囲に入ることになります。システムレンジがすべてデザインレンジに入ってしまうと、コモンレンジはシステムレンジと同じ長さになることに注意してください。

　さて図 2.2 をもとに A 車の燃費の目標値がどの程度実現できるかを評価してみましょう。このコモンレンジの範囲（その長さを l_c とします）で運転されれば目標を達成できたことになりますから、コモンレンジの範囲の確率が求まれば良いことになります。その確率を P とすると、面積（グレーの範囲）がその範囲で燃費が発生する確率ですからコモンレンジの確率は確率密度の高さを仮に h としますと hl_c となりますが、システムレンジの長さを l_s とすると、全体の面積（hl_s）が 1 ですから h は次式で置き換えられます。

$$h = \frac{1}{l_s}$$

したがってコモンレンジの確率 P は次のようになります。

$$P = \frac{l_c}{l_s} \tag{2.1}$$

つまり一様確率密度分布を仮定すると燃費の実現確率はコモンレンジとシステムレンジの長さの比として求まります。

　図 2.2 から明らかなように、システムレンジがデザインレンジに入ってくるほど、つまり目標実現の可能性が高くなるほど、システムレンジとコモンレンジの長さが等しくなってくるので実現確率は 1 に近づきます。つまりどのような運転の仕方をしてもこの車は目標の燃費性能を実現できるということを示します。

　逆にシステムレンジがデザインレンジから外れるほどコモンレンジの値は小さくなります。完全に外れるとコモンレンジはゼロですから実現確率

はゼロとなります。

　では図 2.2 の数値をもとに A 車の燃費の実現確率を実際に計算してみましょう。

$$P = \frac{24.6 - 15}{24.6 - 12.4} = 0.787$$

となります。つまり A 車の燃費の実現確率は 0.787 となります。

　確率密度のパターンにはいろいろあるのにここでは一様確率密度で近似しましたが、これでは誤差が出ないのかという疑問が残ります。もちろん一様なパターンと実際のパターンには違いがあるので誤差は生じます。しかし、私たちはこの実現確率で最良の案の選定をしたり、第 4 章、第 5 章で述べる製品・技術開発手法のデザインナビで最良の製品を開発したり、プロジェクトの実現性を評価したりすることに用いることを目的としますので、システムレンジがデザインレンジにできるだけ含まれる場合を対象にするわけです。そうするとどんなパターンであっても、システムレンジがデザインレンジに十分入ってくるほど実際のパターンと一様確率密度パターンとの誤差は小さくなり、実用上誤差は問題にならなくなります。

　システムレンジがデザインレンジに完全に含まれてしまうと前述のとおり確率は 1 になります。仮に二つの案があり、いずれのシステムレンジもデザインレンジに入ってしまうと（図 2.3）、確率は両方とも 1 になるのでこの二つの案には差がなくなり同等の扱いとなります。同図のデザインレンジを見ると、実現確率が同じ 1 でも A より B の方が実用上は良いと考えられる場合がありますが、実現確率には純粋に数学的な意味しかなく、実用上の意義の違いは全くありません。どのような場合であっても実現確率の値が同じであれば価値は同じであることに注意してください。しかし、どうしても A と B の差を付けたいときは、デザインレンジを少し厳しくすれば A の方の実現確率が 1 より小さくなるので差がつけられます。

2.3　公理によるシステムの実現性の評価

　以上の説明から、単独の項目については実現確率によって実現性を測れることが分かりましたが、複数の機能的要求のあるシステムに対して全体最適的な実現性を評価する場合はどのように考えたら良いでしょうか。こ

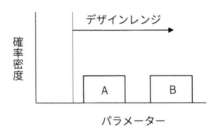

図 2.3　実現確率が両案ともゼロの場合

のような場合に全体最適的にシステムの実現性を評価する単一な数値が与えられると便利です。

　複数の機能的要求の集合体であるシステムは、すべての機能的要求が全体最適的に総合的に機能していないと意味がありません。つまりシステム全体としての機能の実現性が高いかどうかでシステムの良否が評価されるべきです。

　どんなに素晴らしい性能を発揮する項目があっても、実現性の低い項目が一つでもあれば、それはシステム全体として総合的に良くないという結論に導かれる評価法でなければなりません。つまり全体最適化ができていないシステムは良くないという結論が導かれるような実現性予測法でなければいけないのです。このように考えてくると各機能的要求の実現確率を統合した値の最も高いものがシステム全体として実現性は高くなり、すべての目標を実現する良いシステムであるといえそうだということが分かります。

　いま機能的要求が二つあったとします。それを FR1、FR2 とします。それぞれの実現確率を P_1、P_2 とします。システムとしての機能は機能的要求が同時に実現しなければなりませんから、この二つの確率は二つの機能的要求が同時に起こったときに得られる確率です。この二つの機能的要求が同時に実現する確率は確率論で複合確率と呼ばれますが、その値はそれらを掛け合わせた値つまり P_1P_2 となります。従ってすべての機能的要求が同時に起こる複合確率は全ての機能的要求の実現確率を掛け合わせたものになります。つまり機能的要求の数を n とすると複合確率 P_{total} は次

式となります。

$$P_{\text{total}} = \prod_{i=1}^{n} P_i \tag{2.2}$$

記号 $\prod_{i=1}^{n} P_i$ は n 個の実現確率 P_1 から P_n を掛け合わせるという意味の式です。統計学では総乗と呼んでいます。

　この尺度を用いればシステムの実現性を評価するのに使えそうだということが分かってきましたのでとりあえずこの複合確率を「システム実現確率」と呼ぶことにします。さて「できそうだ」というだけでは話が先に進みません。できると確信がもてる根拠がほしいわけです。このことを理論的に証明することもできますが、そのためにはその前にそれを証明するのに必要な根拠が前もって証明されていなければならないことになります。このように遡っていくと、永遠に作業が続いてしまうので、時間の無駄です。そこでそのような作業をしないで、「できそうだ」というレベルを自明の真理と捉えてそこから出発しようという考え方があります。この自明の真理を「公理」と言います。そこで次の公理を提案して先に進むことにしましょう。

　　公理「システム実現確率はシステムのすべての機能的要求を全体最適的に実現できる確率である」（実現性公理）

　この公理はシステムのすべての機能的要求を考慮して全体最適的にシステムを実現できる確率をシステム実現確率が示していることを保証しています。今までの説明の流れからも分かる通り、複数の機能的要求は同時に実現することを要求していますから互いに独立している必要はありません。

　さらにこの公理はシステム実現確率がシステム全体の機能の実現性を表すだけでなく、項目間にトレードオフがあっても、個々の実現確率に大きいとか小さいとかいうばらつきがあっても、それを包括的に捉えてシステム全体としての実現性の良さを保証しますよということを意味しています。

　複数のシステムから最適なシステムを選択する場合に、機能的要求が同じであれば、システム実現確率の最大のシステムが最良であることを明示しています。個々の機能的要求の性格もディメンジョンも全く違っていても確率を通して対等に同じ土俵上で評価できます。つまりあらゆる要求項目に対してディメンジョンが異なっていても、それらをまとめてシステム実現確率という単一の共通の尺度で評価できることになったわけです。

　公理について少し説明しますと、公理とは一般に広く通用する真理であります。詳しくいうと「真なることを証明する必要がないほど自明の事柄...」（大辞林）であり、それをもとにいろいろな理論体系が構築されます。

　一般に理論的に筋道を立てて証明してあれば、それは絶対に正しいと考えて受け入れます。しかし、よくよく考えてみるとその理論も元をただせば理論的には証明されていない公理や原理から出発していることが分かります。元を隠しておいて（というと表現が悪いのですが、説明を省略してといいましょうか）その後の段階から理論的に筋道立てて結論を導いてあれば合理的に正しいと認めてしまうことが普通です。一般には源流まではいちいちさかのぼらないので、一般の人は無意識にそれを受け入れています。その意味で現代科学技術の正統派の理論はすべて公理をもとにした理論体系をなしています。数学や幾何学の諸定理にしてもニュートンの力学大系にしても電気回路のオームの法則にしても、これらはすべて公理論的体系なのです。

　ここに提案した公理も同じ役割を担います。しかし、もしもこの公理が矛盾する分野が見つかったとしたら、その分野ではこの公理体系は使えないことになります。ニュートン力学も分子や原子や素粒子などという微視的物理系を支配する物理法則（量子力学）には当てはまりません。幸いにも本理論のもとになる情報積算法（第 1 章参照）が今まで扱った分野で矛盾する事象は出てきていませんし、情報積算法をもとに確立された開発手法のデザインナビ（第 3 章、第 4 章）を用いれば、短期間に素晴らしい性能の製品が多くの企業で実際に開発できていることからもこの公理の正しさが証明されています。第 1 章でも説明をしましたが、情報量と本章の実現確率の関数形が違っていてもその本質は同じでありこのようなことが言えるわけです。

　実現性の公理に話を戻しますが、システム実現確率の値の最も高いシステムがすべての機能的要求をバランスよく実現できる最良のシステムであるということを保証していると説明しました。しかし一つでも非常に実現確率の低い（実現性の低い）項目があれば、他の機能的要求がいくら良くてもシステム実現確率は非常に小さな値になってしまうのでそのシステムは全体最適的に実現不可能になります。例えば一つの実現確率がゼロであれば、いくら大きな他の多くの実現確率を掛け合わせてもシステム実現確率はゼロで絶対そのシステムが選ばれることはありません。

　今までこの理論に対してなんとなく実現性予測法という言葉を用いてきましたが、ここで改めてこの理論を「実現性予測法」と命名することにします。この理論は式 2.2 と公理の組み合わせでできていますからそれらを包含する名称として「$\overset{\text{パイ}}{\Pi}$ 理論」と呼ぶこともできるでしょう。今後読者の皆さんは使いやすい方をお使いください。本書では実現性予測法で統一します。

　それでは実際に実現性予測法を使用する主な手順を次に説明しましょう。手順は次の通りです。

① 機能的要求とデザインレンジの決定
② 各機能的要求のシステムレンジの計測/推定
③ 必要な場合にはコモンレンジ係数（後で説明します）の決定
④ システム実現確率の計算

では次節でこの流れに従って実現性予測法の使い方を説明しましょう。

2.4　機能的要求とデザインレンジ

　実現性予測法を構成する基本要素は機能的要求とデザインレンジとシステムレンジです。コモンレンジはデザインレンジとシステムレンジの合成で求まりますから基本要素には含みません。まず機能的要求とデザインレンジについて以下に説明します。

　システムをデザインしたり評価したりする場合、最初にどのような機能的要求を実現したいかが問題になります。仕事を始めるときに、この機能

的要求を明確に定義しないで行動を起こしてしまう過ちをよく見かけます。あいまいな思い付きだけで仕事を進めてはいけません。まずプロジェクトは目標や機能的要求を明示的に決めなければなりません。それをしないでみんな同じ考えをもっているだろうと考えて、暗黙の了解のもとに仕事を進めてしまうと、後で組織やチームメンバーの間でいろいろなそご齟齬や不具合を生じてプロジェクトは失敗します。

　機能的要求を明示的に定義するということは定量的に定義することでもあります。開発においてはとくにこの機能的要求に対して定量的な目標値が決められなければなりません。この目標値は開発業務の場合には最終のゴールでもあるので、このゴールが達成されて初めて開発を終了することができます。この具体的な目標値がこれまで述べてきたデザインレンジそのものです。

　日常で何かを買いたいというようなとき、小さな金額なら機能的要求を決める必要性はとくにありませんが、高額なものを買おうとするときはやはり必要です。例えば家を買うときなどははっきり機能的要求を決めて、具体的な目標値を設定しないと、些末な機能や派手な宣伝文句に振り回されてとんでもない買いものをしてしまうことになります。

　機能的要求は複数存在しますが、これらの特性が完全に互いに独立している場合は少ないでしょう。これはシステムという有機体がもつ機能ですから互いにアンダーグラウンドで影響しあうことは当然のことです。しかし見かけ上はできるだけ独立している項目を選ぶべきです。似た項目を同時に複数評価することはその特性を二重三重に評価することになり、かなり偏った評価をすることになるからです。しかし繰り返しますが見た目は独立しているようでもアンダーグラウンドでは互いに影響しあっている状況で評価することは、実在のシステムをあるがままに評価することだから正しいと考えられます。実際にはそういう状況のもとでシステムレンジのデータが求まりますので、現実的な実現性の確率を用いるという意味では、実現性予測法は合理的な予測法であるということができます。

　一方デザインレンジは合理的に正しく決めなければなりません。厳しすぎても緩すぎてもいけません。例えばプロジェクトの実現性を評価する場合はプロジェクトが実現できる必要最小限の要求値になります。実現性予

測法では、与えられたデザインレンジの実現性を機械的算出してしまいますので、このデザインレンジが間違っていたり不適切であったりすると、プロジェクトの本来の目的とは外れた間違った結論が機械的に導かれてしまいます。デザインレンジの決め方はこの予測法とは別に新しい学問として今後発展してほしいと考えます。

　さらに注意しなければいけない点は、実現確率を統合するときには絶対に重み付けをしてはいけないということです。なぜなら重みをつけた実現確率の掛け算は、本来の正しい複合確率、つまりシステム実現確率とはかけ離れたものになってしまうからです。重みは既にデザインレンジに合理的に組み込まれています。例えばデザインレンジが厳しくなるとその分実現が難しくなり、確率は小さくなりますからきびしい重み付けがされたことと同じになります。

　その意味でも、デザインレンジは合理的に正しく設定されなければなりませんが、現実には大変難しい問題を含んでいます。例えば、前述の自動車の燃費の場合では、マーケティング調査から燃費はこれ以上に良くないと対象のセグメントの顧客には売れないとか、企業としての CO_2 排出規制をクリアするためには 1 台の車の走行距離当たりの排出量はこの値以下でなくてはならないとか、多くの関連する分野の要求を満たす必要があるからです。

　一方、商品開発のプロジェクトでは企業間競争を意識し過ぎて、機能の供給過剰をもたらす過剰な品質のシステムを作ってもいけません。消費者はそこまで望んでいませんし、かえって使いにくいシステムになってしまっている場合があります。機能を増やせばコストは上昇しますし、必ずしも顧客を満足させられるというものでもないからです。機能の供給過剰の製品は一般に扱いにくいものになり、顧客は高いお金を払って、使いにくいものを買わされる羽目になりますから、それは避けるべきでしょう。

　デザインレンジにはいろいろなパターンがあります。一般に考えられるパターンを図 2.4 に示します。ついでに (1) から (6) までの場合の実現確率を計算してみましょう。図中の四角は一様確率密度分布のシステムレンジを表しています。

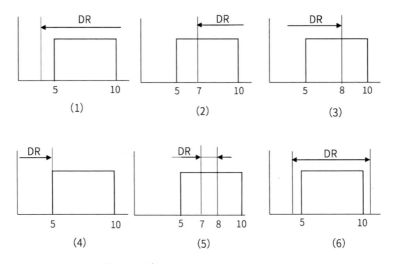

図 2.4　デザインレンジ (DR) のいろいろ

$$P_1 = \frac{5}{5} = 1$$

$$P_2 = \frac{3}{5} = 0.6$$

$$P_3 = \frac{3}{5} = 0.6$$

$$P_4 = \frac{0}{5} = 0$$

$$P_5 = \frac{1}{5} = 0.2$$

$$P_6 = \frac{5}{5} = 1$$

　以上説明してきたデザインレンジは、すべてある値以上とか、以下とか、この間に、というような範囲で与えられてきました。しかし、場合によっては一つの数値を目標としたい場合もあります。例えば、電子部品の抵抗値とか、交通システムで特定の時間に到着しなければならない場合とかです。このような場合、目標値はある特定の一つの数値であり、デザインレンジは範囲ではなく、1 本の線になってしまいます。この場合システ

ムレンジは一般にある幅を持ちコモンレンジの幅はゼロになりますから、実現確率は常に 0 になってしまいます。これでは評価できませんので、この場合は次のように考えます。

　どのようなシステムでも、一つの目標値をねらって製作しても実際の特性値は必ずその値の前後にばらつきが生じます。そこで目標値と実際の値の差がある範囲内に納まれば良いと考えてデザインレンジを定義します。

　例えば、あるフィルムを 0.1mm の厚さで製造したいという場合、公差が 0.1 ±0.01mm であればこの公差をデザインレンジに設定します。つまり製造目標が $d\pm\delta$ だとすると、デザインレンジは d を中心として $\pm\delta$ の範囲に設定します。この δ の値は品質管理上の許容範囲でもあります。

　さらに拡張した問題として、入力 x に対して関数関係にある特定の値 y を正しく出力したいという場合、つまり入力と出力に関数関係のあるシステムを実現したいという場合です。式で書くと、

$$y = f(x) \tag{2.3}$$

という関係を実現したいという場合です（図 2.5）。この場合のデザインレンジは各 x_i における目標値が各機能的要求 y_i の値に対するデザインレンジの幅を決めるという作業になります。

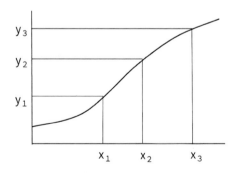

図 2.5　機能的要求が関数関係にある場合

2.5　システムレンジの求め方

　前掲の表 2.1 の燃費などのシステムレンジは、連続型パラメーターで

すが、データ計測時には離散型データが採られているはずです。それら
のデータからシステムレンジが計算されます。そしてシステムレンジは
12.4 から 24.6 の幅と決められたはずです。それではこのような離散型
データからどのようにシステムレンジが求まるか見てみましょう。

　まず与えられたデータから平均値 m と標準偏差 s（求める式は以下に
示します）を求め、システムレンジの中心位置と中心位置からの幅を次式
で決めます。

$$\mathrm{m} \pm k\mathrm{s} \tag{2.4}$$

　この平均値 m がシステムレンジの中心の位置を決めます。$\pm k$s がシス
テムレンジの中心からデータのはらつく範囲になります。ここで k を「シ
ステムレンジ係数」と呼ぶことにします。一般には $k = 3$ とします。標準
偏差とは簡単にいうと平均値の周りにデータがどのようにばらついている
かを示す数値です。± 3s というのは平均値の周りにデータの 99.7 ％がば
らつきますよということを意味します。

　さてわれわれが採取するデータは、ある無限の標本（データ）をもつ母
集団から抽出した有限個の標本と考えられますから、標準偏差 s はデータ
の数を n とすると次式を用いて求まります。

$$\mathrm{s} = \sqrt{\frac{1}{n-1} \sum_{i=1}^{n} (x_i - m)^2} \tag{2.5}$$

　このような計算は、関数電卓や Excel などの計算ソフトに式が組み込
まれていますから、データを入力するだけで簡単に計算できます。標準偏
差は 2 種類の式があるので注意してください。もう一つの標準偏差を求
める式はルートの中の $1/(n-1)$ が $1/n$ となっています。これはデータ
の数が n 個しかあり得ない場合の式で、一般には無限の数の母集団から
有限個のデータをとって来ます（計測します）から、標準偏差を推定する
場合には必ず上式を用います。

　具体的に計算してみましょう。例えば 3 個のデータ、10、12、14 が与
えられたとき、

$$m = 12$$

$$s = \sqrt{\frac{1}{2}((10-12)^2 + (12-12)^2 + (14-12)^2)} = 2$$

となります。従ってシステムレンジ l_s は $k=3$ とすると

$$l_s = 12 \pm 6 \rightarrow [6, 18]$$

となります。つまりシステムレンジは 6 から 18 までの幅になります。

　定量的で客観的なデータが採れないとき、例えば使い勝手の良さとかデザインの良さなどという場合は、複数の評価者に感性評価をしてもらいます。例えば 10 点法でデザインレンジを 6 点以上と決めて点数を付けてもらうのです。評価者の数はデータの分布を正規分布に近づけるためには最低でも 30 人ぐらいはほしいところです。

　具体的に計算してみましょう。ある製品のデザインを 5 人（ここでは計算例を示すだけなので 5 人としました）の評価者で感性評価をしてもらった結果が 7、8、9、6、5 となったとしましょう。前述の議論からも分かる通り、システムレンジ l_s は $[5, 9]$ ではないということです。なぜならもう少し評価者の数が増えるとデータのばらつく範囲は広がる可能性があるからです。その可能性を含めて平均値と標準偏差を求め、上記のようにその 3 倍の幅をシステムレンジとして考えます。そうするとシステムレンジは次のようになります。

$$l_s = 7 \pm 3 \times 1.58 = [2.26, 11.74]$$

　ところがここでは 10 点法で評価していますから最大値が 10 を超えることはないはずです。従ってシステムレンジは 2.26 から 10 の間と考えられます。デザインレンジを 6 点以上とすると、この機能的要求の実現確率 P は

$$P = \frac{10-6}{10-(7-3\times1.58)} = 0.517$$

となります。このように客観的に定量的なデータが計測できない場合には、感性評価を用いて実現確率を予測できます。この感性評価については後で再度説明します。

2.6　コモンレンジ係数

　前にデザインレンジの項目で一つの数値を目標値とする場合の説明をしましたが、ここではシステムレンジが範囲ではなく一つの数値でしか表現できない場合の扱いについて説明します。

　例えば、表 2.1 で自動車のトランク容量とか、自動車の価格とかは、ある幅をもった範囲としては扱えないシステムレンジになってしまいます。この数値がデザインレンジの範囲内に入っていれば当然実現確率は 1 となって問題はありませんが、デザインレンジから僅かでも外れた場合には、実現確率はとたんに 0 になってしまいます。1 項目でも 0 という確率の値が出れば、他の項目がすべてどんなに良い値でも、システム実現確率は 0 になるのでその案は選ばれないことになります。ということでデザインレンジから僅かでも外れると実現確率が 1 から 0 に急変してしまうことは少々不合理でしょう。そこでこの変化にグラデーションを与える細工をします。

　ここで「コモンレンジ係数」という関数を導入します。図 2.6 で横軸に例えばトランク容量などのシステムパラメーターを、縦軸にコモンレンジ係数 k_c をとります。コモンレンジ係数は 0 から 1 の間の値をとります。デザインレンジは a より大きければよいとすると、a で k_c は 1.0 となります。これ以下は絶対に受け入れられないという値の c の k_c は 0 となりま

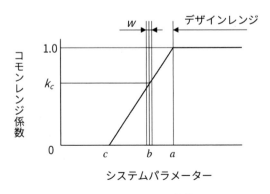

図 2.6　コモンレンジ係数

す。a と 1.0 の交点と c を直線で結びます。これを「コモンレンジ係数線」とよびます。

　たまたま a と c の間の b の位置にシステムパラメーターがきたとしますと、ここから上にあがりコモンレンジ係数線とクロスする位置の横の k_c の値を読みとります。そこでこの位置のコモンレンジを次のように考えます。b を中心にある微小な幅のシステムレンジ w があると仮定して、w の k_c 倍がここのコモンレンジであると考えるのです。これらの値から実現確率 P を求めると次のようになります。

$$P = \frac{k_c w}{w} = k_c \tag{2.6}$$

つまり、k_c がこの場合の実現確率として求められます。k_c は作図しなくても解析的に次式で求められます。

$$k_c = \frac{cb}{ca} \tag{2.7}$$

　それでは実際に図 2.7 のように与えられたコモンレンジ係数線の場合の実現確率を計算してみましょう。このシステムの質量が 105kg であったとします。質量が 100kg 以下であれば、デザインレンジの中に入ってしまうので、実現確率は 1 となり問題はありませんが、105kg だと外れてしまうので本来なら実現確率は 0 になってしまいます。そこで 110kg では絶対だめだと考えると、コモンレンジ係数を用いれば次式で計算される実現確率となり、合理的な実現確率が与えられたことになにます。

$$P = k_c = 0.5 \tag{2.8}$$

2.7　実現性予測法

　以上で実現確率の計算に必要な基礎知識は一通り説明しましたので、表 2.1、2.2 で例示したリッターカーのシステム実現確率が計算できます。ここでA会社のプロジェクトで開発した車が A 車だったと仮定して、他社の車も含めて表 2.2 に示す機能的要求の目標値つまりデザインレンジが全体最適的に実現できるかどうかを予測してみましょう。

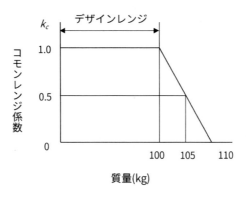

図 2.7　コモンレンジ係数

　まず読者の皆さんがA車を開発したとして、表2.2の要求を全体として
どの程度実現しているか、また他社の車と比べて有利かどうかを予想して
みてください。おそらく人間の直感ではこのような判断は困難でしょう。
しかもどれぐらいの確率でその車が要求性能を全体として実現できるかを
直感で信頼性高く評価することはまず不可能です。

　この場合点数評価法を利用することもできますが、前にも述べたとお
り、点数評価法は部分最適の評価方法であり、特定の項目の点数が高いと
他の項目に欠陥があっても選ばれてしまう危険性があります。さらに曖昧
な重み付けをしなければならないなどの欠点もあります。そこで表2.2を
最も実現してくれる車を選ぶには今まで学んできた実現性予測法が強力な
ツールとなります。

　実現性予測法ではまず各機能的要求に対する実現確率を計算し、次にそ
れらを総合したシステム実現確率を求めます。このシステム実現確率は公
理によれば各車を全体最適的に評価できる尺度ですから、その最も大きい
値の車が表2.2の目標値を全体として実現する可能性（確率）の最も高い
車として選ばれます。つまり機能的要求項目全体を考えた最適な車が選定
できます。

　まず燃費、加速性能、室内騒音はシステムレンジが与えられているの
で、そのままコモンレンジを求めれば実現確率が計算できます。トランク

容量と価格のシステムレンジは一つの数字でしか与えられていないのでコ
モンレンジ係数を用いることになります。

　A 車についてのみ計算結果を以下に示します。まず燃費、加速性能、
室内騒音の実現確率を求めてみましょう。

$$\text{燃費}: P_1 = \frac{24.6 - 15}{24.6 - 12.4} = 0.79 \tag{2.9}$$

$$\text{加速性能}: P_2 = \frac{12 - 4.7}{15.9 - 4.7} = 0.65 \tag{2.10}$$

$$\text{室内騒音}: P_3 = \frac{55 - 45}{68 - 45} = 0.43 \tag{2.11}$$

となります。

　トランク容量の場合はまずコモンレンジ係数を求めなければなりませ
ん。トランク容量は 50ℓ 以下ではまったく受け入れられず、120ℓ 以上な
ら十分と指定されていますから、コモンレンジ係数線は図 2.8 のようにな
り、図から k_c が求められます。それを用いてトランク容量 102ℓ の時の
実現確率は次のように求められます。

$$\text{トランク容量}: P_4 = \frac{102 - 50}{120 - 50} = 0.74 \tag{2.12}$$

　価格も同様に図 2.9 をもとに次のように計算されます。

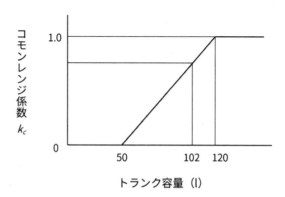

図 2.8　トランク容量のコモンレンジ係数

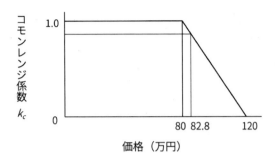

図 2.9　価格のコモンレンジ係数

$$価格：P_5 = \frac{120 - 82.4}{120 - 80} = 0.94 \tag{2.13}$$

　他社の車もすべて同じように計算できます。その結果を表 2.3 に示します。この結果からすべての実現確率を掛け合わせてシステム実現確率を求めます。その値の最大の車は僅かの差ではありますが他社の C 車となり、この車が五つの機能的要求をすべて他の車よりも高い確率で実現させる可能性が高い車であると結論づけることができます。

　では A 車はどうでしょうか。計算結果を見てもらうと、トランクの容量だけが他社と比べて劣っています。例えばもう少しトランク容量を広げてデザインレンジに収まるように設計を修正できたとすると、トランク容量が 120ℓ 以上になるので、この項目の実現確率は 1 となり、システム実現確率は 0.21 となり最高の車に変身します。このように実現性予測法は他社製品と自社製品の違いを際立たせ、改良点を見つけ、どこをどの程度改良すれば良いかを一目で教えてくれて、しかもそこを改良すれば総合評価がどうなるかも教えてくれます。

　この場合はデザインレンジの 120ℓ という値が重要になりました。この設定の仕方を間違えると意味のない開発になってしまいます。前にも述べましたが、デザインレンジの設定は重要であり、合理的に正しく設定されなければなりません。商品開発であれば十分にマーケットのニーズに対応していなければなりません。他の項目のデザインレンジもまったく同様です。

表 2.3　実現確率計算結果

評価項目	A車	B車	C車	D車	E車 （Cのオートマ）	F車 （Bのディーゼル）
燃費(km/l)	0.79	0.64	0.63	0.66	0.21	1
加速性能(s)	0.65	0.76	0.67	0.59	0.69	0.35
室内騒音(phone)	0.43	0.27	0.43	0.33	0.43	0
トランク容量(l)	0.74	1	1	1	1	1
価格（万円）	0.94	0.89	0.94	1	0.85	0.7
システム実現確率	0.15	0.12	0.17	0.13	0.05	0

　F車は、室内騒音以外の機能的要求はとくに問題なさそうですが、室内騒音に欠陥があり、システムレンジがデザインレンジから外れてしまうので、システム実現確率も０となってしまいます。このようにある項目に欠陥があると、そのシステム実現確率は非常に小さい値となり、その案は決して選ばれることはありません。その意味で安心して使える予測法です。

　さらに実現性予測法は、燃費から価格までまったく性格やディメンションの異なるパラメーターでも、確率という無次元量に変換されるので同じ土俵で統一して評価できることも特長です。一般には性格の違う項目は別々に評価しなければならず、そうすると全体としての比較検討が困難になりますが、システム実現確率はその意味で大変使いやすい概念であります。

　もう一つシステム実現確率の値で注目してほしいことは、確かにA車とC車を比べるとC車の方が僅かに大きい値になってきます。だからといってC車の方が優れていると単純に結論づけることはできません。システムレンジには誤差が当然含まれているので、この程度の差で両者に十分な有意差があると見なすことには無理があるからです。

　では理論的にどの程度の数値の差が有意差になるかということは今後の研究課題ですが、さらに差が広がるように他の機能的要求を追加して考えるのも一つの方法であります。例えば、試乗して乗り心地や運転性能を感性評価することも重要な評価項目です。

　このように差が小さいときは機能的要求項目を増やして検討することが考えられますが、本来は最初から必要十分な機能的要求項目を選定して評

価するべきでしょう。後で新たな機能的要求を追加したり削除したりすることは最初の段階で十分に検討していなかったことの表れであり好ましくありません。

　最後にもう一点重要な点をお話しします。表 2.3 の結果を見るとすべてシステム実現確率が非常に低い値になっています。この数値をどのように考えたら良いでしょうか。一つの考え方は確率 1/2（つまり成功するか失敗するかの境目）は各機能が実現するかどうかの限界値と考えられるので、機能的要求の数を n とすると、システム実現確率は最低でも 0.5^n 以上であってほしいということになります。そう考えるとこの場合、システム実現確率は $0.5^5=0.03125$ となりますから、この表中の A〜E 車はすべて合格になると考えられます。

　しかしシステムとして考えた時、システム実現確率が表のような低い確率では、果たしてシステムとして十分機能するだろうかなんとなく不安を感じます。むしろシステム実現確率として 0.5 以上は欲しいと考えるのが妥当ではないでしょうか。つまりシステム全体として実現するには、システム実現確率は最低でも 1/2 の確率が求められそうです。そうなると上記とは逆の計算になります。つまりこの場合個々の実現確率は $\sqrt[5]{0.5} = 0.871$ 以上となります。

　一般的には、「個々の機能的要求の実現確率は機能的要求の数を n とすると $\sqrt[n]{0.5}$ 以上」であってほしいと考えるのが妥当でしょう。とすると表中の車はすべて不合格になります。本書ではこの考え方を採用します。

2.8　パラメーターの種類とシステムレンジ

　機能的特性を表すパラメーター（確率変数）には 2 種類あります。離散確率変数と連続確率変数です。この変数の違いによってシステムレンジの扱い方が異なりますから、この点について説明します。ただしこの節は少々専門的になりますから読み飛ばしても本手法を使用する上では支障ありません。

　まず離散確率変数について次の例を用いて説明しましょう。ある人物の人事評価項目について 5 人の審査委員により 10 点法で点数をつけたとします。その点数は 7、9、6、7、8 点でした。この点数をパラメーターに

とって度数を図に表すと図 2.10 のようになります。このようなパラメーターが離散型パラメーターです。この場合のシステレンジの求め方は前に感性評価の場合で説明しましたから省略します。

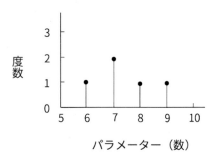

図 2.10　離散確率変数の例

ところで連続確率変数についてはもう少し検討してみましょう。前に述べた A 車の燃費について考えてみます。燃費の確率密度曲線のパターンは色々考えられるので一様確率分布で考えることが合理的であることを説明しましたが、ここでは正規分布で仮定することが合理的かどうかを検討してみましょう。

図 2.11 で燃費が 12.4 と 24.6 の位置で確率密度がほぼゼロになると考えてみます。ここでデザインレンジの右側の面積を計算できればこの A 車の燃費の実現確率が計算できます。しかしこのままでは計算が大変ですからこれを標準正規分布に変換します。標準正規分布が求められれば、すでに計算された面積の正規分布表（本章の末尾に添付した確率分布表）が用意されているので簡単に確率が計算できます。その変換のためには燃費の確率変数 X を次の確率変数 Z に変換する必要があります。

$$Z = \frac{X - m}{s}$$

この変換のためには平均値 m と標準偏差 s が分かっていなければなりません。この場合の平均値は次のように求められます。

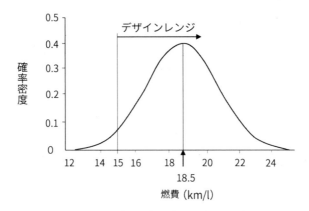

図 2.11　燃費を正規分布と仮定したとき

$$m = \frac{24.6 + 12.4}{2} = 18.5$$

　一方標準偏差は次のように考えます。標準正規分布の確率表では確率変数 Z が 3.0 以下と 3.0 以上でほぼ確率がゼロになりますから、例えば右端の点を燃費の 24.6 に合わせます。そうすると上記の確率変数変換式を用いて次のように求められます。

$$3.0s = 24.6 - 18.5$$

$$s = \frac{24.6 - 18.5}{3.0} = 2.03$$

　これらの m と s を用いるとデザインレンジ 15 の位置の Z の値は次のようになります。

$$Z = \frac{15 - 18.5}{2.03} = -1.72$$

　これで標準正規分布の確率密度曲線は次の図 2.12 のように求められます。

　標準正規分布の正規分布表には確率変数が 0 から右側の指定の位置までの確率（面積）が示されています。従って 0 から 3 までの間の確率は近似的に 0.5 と考えられます。また 0 から左側の-1.72 までの確率はこの表を利用して 0 から 1.72 までの確率を求めれば良いことになります。その

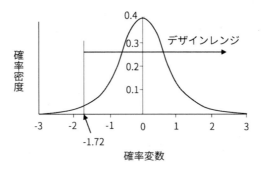

図 2.12　標準確率分布曲線

値は正規分布表から 0.457 となります。従って-1.72 から右側の全ての確率はこの二つの確率の和となります。したがって

$$P = 0.5 + 0.457 = 0.957$$

となります。つまり一様確率分布と仮定した場合の実現確率 0.79 よりも大きな値になります。逆に言えば正規分布で考えるよりも一様確率分布で考える方が確率は小さめに出ますから安全サイドの値になります。この燃費の確率分布を正規分布で仮定できるかどうかはわかりませんが（むしろ現実的でないと考えられますが）、あえてそのように仮定してもこのように結構複雑な計算になります。従って上に述べた一様確率分布で計算する方が簡単でしかも安全サイドの値になることが分かりましたから、このような場合は一様確率分布で計算することをお勧めします。他のケースでも一様確率分布の代わりにあえて正規分布で考える必要があるかどうかは慎重に判断した方が良いでしょう。

2.9　感性評価を組み合わせた実現性予測法

　前述した自動車の性能の実現性の評価ではシステムレンジが客観的に定量的に測定できたので実現確率が計算できましたが、客観的に定量的にデータが測定できない場合も現実には多いのです。その場合には前にも述べましたが客観的なデータの代わりに人間の感性で評価することになります。このやり方についてもう少し詳細に検討してみましょう。

　「感性」とは色々な解釈がありますが広辞苑によると「外界の刺激に応じて感覚・知覚を生ずる感覚器官の感受性」ですから、主観的な嗜好の色合いが強くなります。したがって感性評価は最も人間の好みに合うものを選ぶ課題に対しては適していると考えられます。感性評価では人間の感性で得たものを定量的な点数に変換して評価します。つまり点数で定量化します。しかし、どうしても個人差の影響があり、また人間であるから誤った判断が入り込む余地もあります。そこで感性評価の場合はこのような危険を避けるためできるだけ多くのモニター（評価者）の判断を取り込んで評価する必要があります。感性評価のもう一つの欠点はモニターがそのテーマの重要さを本当に理解しているかどうかです。とくに革新的なテーマではその重要さが十分理解されていない場合がありますからあらかじめモニターを教育しておくこと必要でしょう。

　ここでいう点数評価とは、従来の点数評価法とは意味が違います。「単に定量的なデータの代用として感性で評価した点数を使う」というだけで、点数の合計が大きいシステムが良いという従来の点数評価法とは全く異なり、最終的な評価は実現性予測法で導きだします。

　点数評価は満点をいくらにするかによって色々な評価法がありますが、一般的には 10 点法を使います。その場合デザインレンジは 6 点以上とすることが多いです。より詳しく評価したい時は 100 点法で評価しますが、ここでは 10 点法を用いた応用例を説明しましょう。

2.9.1　暖房器具の感性評価

　暖房機の評価をしてみましょう。暖房器具にはいろいろな種類がありますが、ここでは可動式（据え置きでないという意味）のガスストーブ、一

般的な電気ストーブ、ヒーターが赤くならないが遠赤外線を出して温める遠赤外線ヒーター、少し大きめなホットカーペットの 4 種類を 3 人のモニターが表 2.4 のように評価したと仮定します。モニターの数は多い方がよいのですが、ここでは計算方法を説明するだけなので少ない人数にしました。またここに示す結果はあくまでも使い方の練習が目的で、暖房器具の本質を示すものではありません。

　機能的要求は、安全性、暖かさ（足元も暖かく感じることが必要条件）、暖房のマイルドさ、ランニングコストの 4 項目です。購入費用も問題になりますが、あえて性能だけの評価に絞って検討してみましょう。

　ランニングコストは客観的に定量的に測ることができますし、定量的な評価を混ぜて評価することも当然できますが、ここでは感性評価の説明なので感性で評価することにしました。感性評価を合理的に行う際の注意点の一つは、安全なら安全だけを先に全ての対象について評価することです。一つの案、例えばガスストーブを基準にとるとすればそれをもとに相対的に比較するように他の案の点数をつけるのです。こうすれば異常な点数をつける危険性はある程度避けられます。

　ガスストーブの安全性の実現確率について計算してみましょう。3 人のモニターの 10 点法による採点が 5、7、6 と付けられています。表の次の列の m はこのデータの平均値です。表の計算はすべて表計算ソフトを使用しています。

$$m = (5 + 7 + 6) / 3 = 6$$

　このデータからシステムレンジをどう決めるかが問題となりますが、前に述べたとおりデータのばらつきの一つの尺度である標準偏差を用います。従って平均値の次の列には標準偏差 s が示されています。表計算ソフトを使って求めると次の値になります。

$$s = 1$$

　システムレンジの上側の値は 99.7% のデータが収まる範囲として

$$m + 3s = 9$$

$$CR = (m + 3s) - 6 = 3$$

表 2.4　実現確率による暖房器具の感性評価

実現確率を用いた暖房機の感性評価							
ガスストーブ （可動式でFFでない）	データ		平均値 m	標準偏差 s	m+3s	CR	実現確率
安全性	5 7 6		6	1	9	3	0.5
暖かさ（足元も）	7 8 7		7.33	0.58	9.07	3.07	0.88
マイルドさ	5 7 6		6.00	1.00	9.00	3.00	0.50
ランニングコスト	7 8 8		7.67	0.58	9.40	3.40	0.98
システム実現確率							0.22
電熱ヒーター	データ		平均値 m	標準偏差 s	m+3s	CR	実現確率
安全性	6 7 7		6.67	0.58	8.40	2.40	0.69
暖かさ（足元も）	6 7 7		6.67	0.58	8.40	2.40	0.69
マイルドさ	5 6 7		6.00	1.00	9.00	3.00	0.50
ランニングコスト	6 7 7		6.67	0.58	8.40	2.40	0.69
システム実現確率							0.17
大きめのホットカー ペット	データ		平均値 m	標準偏差 s	m+3s	CR	実現確率
安全性	8 9 8		8.33	0.58	10.07	4.07	1.00
暖かさ（足元も）	8 8 7		7.67	0.58	9.40	3.40	0.98
マイルドさ	8 9 9		8.67	0.58	10.40	4.40	1.00
ランニングコスト	8 9 8		8.33	0.58	10.07	4.07	1.00
システム実現確率							0.98
遠赤外線ヒーター	データ		平均値 m	標準偏差 s	m+3s	CR	実現確率
安全性	8 9 8		8.33	0.58	10.07	4.07	1.00
暖かさ（足元も）	6 7 8		7.00	1.00	10.00	4.00	0.67
マイルドさ	6 7 8		7.00	1.00	10.00	4.00	0.67
ランニングコスト	5 7 6		6.00	1.00	9.00	3.00	0.50
システム実現確率							0.22

$$実現確率 = \frac{CR}{6s} = 0.5$$

という値が求まります。従ってコモンレンジ CR はデザインレンジを 6 以上とすると

$$CR = (m + 3s) - 6 = 3$$

となります。表の最後の列に示されている実現確率は、システムレンジが6s ですから次式で求まります。

$$実現確率 = \frac{CR}{6s} = 0.5$$

前にも説明しましたが、システムレンジの上側の値が 10 点を超えてしまう場合（表では影がついているセルが相当します）、10 点法では 10 点を超えることがありませんのでその値を 10 として実現確率を計算します。

従来アンケート結果の整理の仕方は平均値の大小で評価しますが、平均値だけでは点数のばらつきが考慮されていないので不完全です。平均値が良くてもばらつきが大きいシステムと平均値は若干低いけれどもばらつきの小さいシステムのどちらが良いかを判断できないからです。このように感性評価においても平均値とばらつきの両方を評価するには、上記のシステムレンジとコモンレンジという概念を用いて評価するのが正しい計算方法です。

ここでもう一点注意しなければいけないことは重みづけです。点数評価ではデザインレンジが全ての評価項目について同じ 6 点以上としました。そうすると重要度がデザインレンジでは考慮されないことになります。しかし重み付けをすると理論体系が崩れてしまうのでそれもできません。ではどうするかというと、このような場合はモニターの感性で重み付けに相当する作業を暗黙のうちにしてもらうことになります。つまり、重要だと考える項目の点数は厳しく採点してもらうことになります。実際にはとくに注意しなくてもモニターは無意識のうちに感性的にこのような評価をしているようです。

以上の配慮のもとに前述の計算結果に戻ると、安全性、暖かさ（足元も）、暖房のマイルドさ及びランニングコストの 4 項目を考えて暖房器の順位は、良い方からホットカーペットのシステム実現確率が 0.98 となり一番良く、遠赤外線ヒーターとガスストーブが同じ 0.22 で次に良く、電熱ヒーターが一番良くないという結論になりました。前にも断りましたがこれはあくまでも演習で、価格とか部屋の断熱効果のような使用条件なども考慮されていませんし、評価するモニターによっても点数は変わりますのでこれが普遍的な答えというわけではありません。しかし、これで点

数評価に実現性予測法を組み合わせれば合理的な判定ができることがお分かりいただけたと思います。

感性評価は人間の感性に頼る分だけ曖昧さが残りますが、それでも多数の人の評価により曖昧さがなくなり、採点の平均値と同時にばらつきも考慮することにより、信頼度も高まると言えます。ただその際、偏った感性のモニターばかりが集まると信頼性に欠けることになります。色々な感性を持つモニターをバランスよく組み合わせることも必要になります。マーケティングでいうセグメントを最も適切にカバーするモニターを集めなければなりません。ここさえ間違えなければ、モニターによる感性評価はかなり強力な商品開発プロジェクトの手段になります。もし万一少数のモニターしか集められなかった場合は、時間をおいて繰り返し評価してもらうことで不完全さを補うことも考えた方が良いでしょう。

この例の場合はモニターの人数が 3 人と少ないので確認できませんが、多人数のモニターのデータを集めると、山が二つ出るような分布が現れることもあります。これは明らかに性質の異なる 2 種類のモニターが入っていることを示しています。このような場合にはモニターの属性に従って二つに分類し、重要なモニターの方のデータを採用して再計算するべきです。

2.9.2　民主的な会議運営をしよう

人は色々な意見を持っています。また同じ会社の中でも部署が異なると自分の所属する部署の都合だけを考えて行動してしまいます。そうでなくても経験や価値観が異なれば意見も当然異なります。経験や価値観や役職や部署の違いがあると、それぞれの評価基準も当然異なってきます。会議ではそのような人々が集まって議論するので当然意見が分かれて紛糾します。このような会議ではそれぞれが自分の価値観に固執して主張を通そうとするので、全員が納得できる結論を得ることはなかなか難しいことです。無理に結論を出そうとすると議論の内容とはかけ離れた個人的な感情のしこりが残ってしまいます。これは会議運営としては最もまずいやり方です。

これとは逆に次のような例もあります。物理学者でノーベル賞受賞者の

リチャード・ファインマンがマンハッタン計画委員会の会合に参加した時、あの天才的学者のファインマンが仰天した事実がありました。後にファインマンを含めて 5 人がノーベル賞を受賞したこの委員会では、各メンバーが意見を一度述べただけで議論がすぐに決着したそうです。たぶん各自が他者の価値基準までも総合して瞬時に判断して、皆が納得する結論を導いていたのでしょう。つまりどんなに難しい会議でも参加者の質次第というわけです。

　このような天才的人物集団の会議は別にして、普通の人の会議ではなかなか事がスムーズに運びません。例えば、来年度の開発テーマを選ぶ議論をしている時、なかなか意見がまとまらないというようなことが起こったとしましょう。どうしてそうなるかというと根本的な原因は前述したようにみんなの価値観や評価基準が違っている状態で議論するからです。

　開発テーマを選ぶとき、ある人はその開発が 2 年で終わることを重要視するでしょう。また他の人はそれが製品化された時、自社の売上高にどれだけ貢献できるだろうかと考えるでしょう。またある人は、自社に強みのある技術（コアコンピタンス）をうまく利用できるかなどと考えるかもしれません。このように各自がそれぞれ異なった評価基準や価値観で議論すればまとまらないのは当然です。そこでまずこの価値観や評価基準をおもてに出して、皆でどのような基準で開発テーマを選ぶかということを議論して決めるべきでしょう。

　評価基準、つまり評価項目（機能的要求）が決まった段階で、各開発テーマの内容を全員でこの評価項目に従って議論を深めるのです。この議論が終わった段階で参加者全員に 10 点法で点をつけてもらいます。つまり感性評価を全員で行います。その点数から実現確率を計算してシステム実現確率の高い順に優先順位をつければ良いのです。そうすれば全員の意見が採りいれられ、全員が納得する民主的で合理的な会議が運営できます。

　例えばある企業で二つの開発テーマを 5 人で評価する会議を開いたとします。評価項目は次の七つが選定されました。

① 自社のビジョンにあっているか

② 自社の強み（コアコンピタンス）は活かせるか

③ 製品化した時のマーケットは大きいか

④ 今後の需要は伸びるか

⑤ 2 年間で開発が完了するか

⑥ 他企業と競合する可能性はないか

⑦ 開発に十分な予算が取れるか

一方、開発テーマは次の 2 件だと仮定します。

イ）新しい電子部品の開発

ロ）高性能低価格の太陽電池材料の開発

　これを表 2.5 にまとめました。A から E の人にそれぞれ 10 点法で採点してもらい、デザインレンジを 6 以上としたときのシステム実現確率を求める例を表に示してあります。この二つのシステム実現確率を比べてシステム実現確率の高い方の開発テーマが上記七つの評価項目（機能的要求）すべてを最も全体最適的に実現しやすいテーマだということがわかります。

　ここでは二つのテーマのどちらを選ぶかというケースでしたが、対象の数が少ないからといって合理的に、適切に、簡単に選べると考えるのは間違いです。なぜなら評価する項目が七つもあるからです。さらに、開発対象の数が五つ六つと増えるとなおさらむずかしい判断を迫られ、会議運営はますます難しくなります。そのような時にこの実現性予測法は威力を発揮します。

　この例に見るように全員が選定に参加し、空気に流されず、上司の大きな声に惑わされずに、全ての評価項目に対して冷静に自分の理想的な価値観が組み込めるので、全員が出された結論に納得できます。

表 2.5　開発テーマの実現性評価

テーマ	評価項目	氏名/点数					平均値 m	標準偏差 s	Max =m+3s	CR =Max-6	実現確率 =CR/6s
		A	B	C	D	E					
新しい電子部品の開発	ビジョン										
	自社の強み										
	マーケット										
	需要の伸び										
	2年で開発										
	他企業との競合										
	予算の可能性										
	システム実現確率										
高性能低価格の太陽電池材料の開発	ビジョン										
	自社の強み										
	マーケット										
	需要の伸び										
	2年で開発										
	他企業との競合										
	予算の可能性										
	システム実現確率										

注；10点法でデザインレンジを6以上とした場合

2.10　システム実現確率

　以上で実現性予測法の説明は終わりますが、ここで注意していただきたいことがいくつかあります。まずシステム実現確率の絶対値の意味です。前にも述べましたがこの確率値は本来このプロジェクト（システム）が全体として実現可能かどうかを示しているはずです。すべての機能的要求項目の事象は互いに独立しているものもありますが独立していないものが多いのです。したがって機能がダブって計算されているから正しい確率ではないと考えてしまうかもしれません。しかし現実のものはいろいろな機能が互いに影響しあって実現するのです。したがってこの実現性予測法は現実をそのまま（互いに影響しあったままで）評価していると考えてもよいはずです。機能の独立は心配しなくてよいと考えます。

　さらにこの理論を発展させると優れた製品や新しい技術を開発するツールとしてのデザインナビにつながります。これは第3章、第4章で説明しますが凄い手法です。実験やシミュレーションによるデータ集めという多

少の手間はかかりますが、従来の 4 分の 1 程度の期間で最良のものが開発できます。現実にこの恩恵を受けている企業は多数あります。

　以上で採用した例はおもに現実に存在するシステムの評価でした。しかし実現性予測法が活躍するのはむしろ将来の実現性の予測です。例えばこれから実施するプロジェクトの実現性の評価などには強力なツールになります。プロジェクトはディメンジョンの異なるいろいろな項目を統一的に評価しなければなりませんが、従来はシステム実現確率のような尺度がなかったので最終的な決断は結局あいまいな人間の判断に頼っていました。それがシステム実現確率の出現により合理的に全体最適的にプロジェクトの実現性を判定できることになりました。第 5 章、第 6 章でフィージビリティスタディへの応用として説明します。

　実現性予測法には他の応用の可能性も見えてきます。つまりもしも適切なデータが集められれば、社会現象の予測にも使えるということです。例えばパンデミックの終息の予測とか、政府の政策の効果や実現性の予想などなどです。いろいろな場合に応用してください。

　最後に重要な点ですが、実現性予測法は近代の細分化されてきた学問分野の欠点を改善する手法にもなるだろうということです。それは 20 世紀に入って学問だけでなくあらゆる分野は細分化され、細かく細かく分析してその分野が分かったつもりになっていますが、実は全体を見失っています。木を見て森が見えなくなっているのです。今こそ細分化された分野を統合する手法が求められていました。最も大きな問題は文理の統合問題です。ほとんどの大学では文系と理系の学部が分かれています。今までの議論でお分かりのとおり本手法は確率という概念を使って細分化された分野を統合して評価することを可能にしました。つまりまったく異なる分野を統合する文理統合文化の入り口に立っているという認識です。

　例えば 2019 年 6 月 8 日につくば市で開かれた G20 貿易・デジタル経済相会議で「人間中心 AI 開発の原則」が合意されました。そこでは以下の 10 項目が提案されています。

・包括的な成長、持続可能な開発と幸福
・人間中心の価値観と公平性

・透明性と説明可能性
・頑健性、セキュリティと安全性
・アカウンタビリティ
・研究開発への投資
・デジタル・エコシステムの整備
・政策環境の整備
・人材育成と労働市場の変化への準備
・国際協力

　これらの提案はこれからの AI 開発には欠かせないものですが、では、ある AI のプロジェクトが提案されたときに、この 10 項目を全体最適的に評価する方法があるでしょうか。それぞれの項目がばらばらに評価されても全体としての実現性が分からなければ進めようがありません。そのようなときにここで学んだ実現性予測法が重要なツールになります。

2.11　付録：正規分布表

Z	0	0.01	0.02	0.03	0.04	0.05	0.06	0.07	0.08	0.09
0	0	0.004	0.008	0.012	0.016	0.0199	0.0239	0.0279	0.0319	0.0359
0.1	0.0398	0.0438	0.0478	0.0517	0.0557	0.0596	0.0636	0.0675	0.0714	0.0753
0.2	0.0793	0.0832	0.0871	0.091	0.0948	0.0987	0.1026	0.1064	0.1103	0.1141
0.3	0.1179	0.1217	0.1255	0.1293	0.1331	0.1368	0.1406	0.1443	0.148	0.1517
0.4	0.1554	0.1591	0.1628	0.1664	0.17	0.1736	0.1772	0.1808	0.1844	0.1879
0.5	0.1915	0.195	0.1985	0.2019	0.2054	0.2088	0.2123	0.2157	0.219	0.2224
0.6	0.2257	0.2291	0.2324	0.2357	0.2389	0.2422	0.2454	0.2486	0.2517	0.2549
0.7	0.258	0.2611	0.2642	0.2673	0.2704	0.2734	0.2764	0.2794	0.2823	0.2852
0.8	0.2881	0.291	0.2939	0.2967	0.2995	0.3023	0.3051	0.3078	0.3106	0.3133
0.9	0.3159	0.3186	0.3212	0.3238	0.3264	0.3289	0.3315	0.334	0.3365	0.3389
1	0.3413	0.3438	0.3461	0.3485	0.3508	0.3531	0.3554	0.3577	0.3599	0.3621
1.1	0.3643	0.3665	0.3686	0.3708	0.3729	0.3749	0.377	0.379	0.381	0.383
1.2	0.3849	0.3869	0.3888	0.3907	0.3925	0.3944	0.3962	0.398	0.3997	0.4015
1.3	0.4032	0.4049	0.4066	0.4082	0.4099	0.4115	0.4131	0.4147	0.4162	0.4177
1.4	0.4192	0.4207	0.4222	0.4236	0.4251	0.4265	0.4279	0.4292	0.4306	0.4319
1.5	0.4332	0.4345	0.4357	0.437	0.4382	0.4394	0.4406	0.4418	0.4429	0.4441
1.6	0.4452	0.4463	0.4474	0.4484	0.4495	0.4505	0.4515	0.4525	0.4535	0.4545
1.7	0.4554	0.4564	0.4573	0.4582	0.4591	0.4599	0.4608	0.4616	0.4625	0.4633
1.8	0.4641	0.4649	0.4656	0.4664	0.4671	0.4678	0.4686	0.4693	0.4699	0.4706
1.9	0.4713	0.4719	0.4726	0.4732	0.4738	0.4744	0.475	0.4756	0.4761	0.4767
2	0.4772	0.4778	0.4783	0.4788	0.4793	0.4798	0.4803	0.4808	0.4812	0.4817
2.1	0.4821	0.4826	0.483	0.4834	0.4838	0.4842	0.4846	0.485	0.4854	0.4857
2.2	0.4861	0.4864	0.4868	0.4871	0.4875	0.4878	0.4881	0.4884	0.4887	0.489
2.3	0.4893	0.4896	0.4898	0.4901	0.4904	0.4906	0.4909	0.4911	0.4913	0.4916
2.4	0.4918	0.492	0.4922	0.4925	0.4927	0.4929	0.4931	0.4932	0.4934	0.4936
2.5	0.4938	0.494	0.4941	0.4943	0.4945	0.4946	0.4948	0.4949	0.4951	0.4952
2.6	0.4953	0.4955	0.4956	0.4957	0.4959	0.496	0.4961	0.4962	0.4963	0.4964
2.7	0.4965	0.4966	0.4967	0.4968	0.4969	0.497	0.4971	0.4972	0.4973	0.4974
2.8	0.4974	0.4975	0.4976	0.4977	0.4977	0.4978	0.4979	0.4979	0.498	0.4981
2.9	0.4981	0.4982	0.4982	0.4983	0.4984	0.4984	0.4985	0.4985	0.4986	0.4986
3	0.4987	0.4987	0.4987	0.4988	0.4988	0.4989	0.4989	0.4989	0.499	0.499
3.1	0.499	0.4991	0.4991	0.4991	0.4992	0.4992	0.4992	0.4992	0.4993	0.4993
3.2	0.4993	0.4993	0.4994	0.4994	0.4994	0.4994	0.4994	0.4995	0.4995	0.4995
3.3	0.4995	0.4995	0.4995	0.4996	0.4996	0.4996	0.4996	0.4996	0.4996	0.4997
3.4	0.4997	0.4997	0.4997	0.4997	0.4997	0.4997	0.4997	0.4997	0.4997	0.4998
3.5	0.4998	0.4998	0.4998	0.4998	0.4998	0.4998	0.4998	0.4998	0.4998	0.4998
3.6	0.4998	0.4998	0.4999	0.4999	0.4999	0.4999	0.4999	0.4999	0.4999	0.4999
3.7	0.4999	0.4999	0.4999	0.49992	0.49992	0.49991	0.49992	0.49992	0.49992	0.49992
3.8	0.49993	0.49993	0.49993	0.49994	0.49994	0.49994	0.49994	0.49995	0.49995	0.49995
3.9	0.49995	0.49995	0.49996	0.49996	0.49996	0.49996	0.49996	0.49996	0.49997	0.49997
4	0.49997	0.49997	0.49997	0.49997	0.49997	0.49997	0.49997	0.49997	0.49997	0.49997
4.1	0.49998	0.49998	0.49998	0.49998	0.49998	0.49998	0.49998	0.49998	0.49998	0.49998
4.2	0.49999	0.49999	0.49999	0.49999	0.49999	0.49999	0.49999	0.49999	0.49999	0.49999
4.3	0.49999	0.49999	0.49999	0.49999	0.49999	0.49999	0.49999	0.49999	0.49999	0.49999
4.4	0.49999	0.49999	0.49999	0.49999	0.49999	0.49999	0.49999	0.49999	0.49999	0.49999
4.5	0.49997	0.49997	0.49997	0.49997	0.49997	0.49997	0.49997	0.49997	0.49997	0.49997
4.6	0.49998	0.49998	0.49998	0.49998	0.49998	0.49998	0.49998	0.49998	0.49998	0.49998
4.7	0.49999	0.49999	0.49999	0.49999	0.49999	0.49999	0.49999	0.49999	0.49999	0.49999
4.8	0.49999	0.49999	0.49999	0.49999	0.49999	0.49999	0.49999	0.49999	0.49999	0.49999
4.9	0.499995	0.499995	0.499995	0.499995	0.499995	0.499995	0.499995	0.499995	0.499995	0.499995
5	0.499997									

参考文献

[1]　ジェームズ・C・コリンズ、ジェリー・I・ポラス、「ビジョナリーカンパニー」、日経 BP
　　　出版センター、1999 年

第2部

最強の製品開発ツール

—デザインナビ—

第3章　デザインナビ

　ここでは実現性予測法と直交表を組み合わせて発明された最適デザイン法である「デザインナビ」がメインテーマです。この手法は1999年にUS特許を2002年に日本の特許を取得しましたが、出願日からすでに20年以上経って特許は切れておりますので現在は自由に使えます。つまりデザインナビは特許で認められるほどの信頼性の高い手法だということです。今までは「中沢メソッド」と呼んでいましたが、この名前では内容が分かりにくいので本書ではデザインナビと呼ぶことにします。

　現在はデザインナビを正しく使うノウハウがほぼ固まってきましたので、それらを含めて本書ではデザインナビの集大成を紹介しています。本章と次章ではおもに機械系の例で解説していますが、適用する分野に制限はありません。農業や養殖や料理や医学や電気・化学・材料などどんな分野でも本手法を使えば、最良の製品・技術を効率よく開発できます。是非使って良さを体験してください。

3.1　デザインナビの意義

　デザインナビは基本構造（発想）さえ正しければ技術でも製品でも驚くほど早く良いものが実現できます。この事実は今までデザインナビを導入した企業における実績が物語っています。従来の試行錯誤で進める仕事のやり方は一見楽にできそうですが、思い通りのシステムが達成できず、結局何回もやり直してお金と時間を無駄にしてしまいます。それに比べると、実験や計算の時間は多少必要ですが、システマティックに進めれば簡単に最良のものが短期間に実現できることに驚かれるでしょう。良い製品を作りだせれば、当然売上げも増えます。そのことを考えれば急がば回れでしっかり利益を生む仕事をしたいものです。ここでは片持ばりの設計という機械系の例でデザインナビの使い方を解説しますが、他の分野の読者にも十分理解できるように解説してあります。

　デザインナビとは第1章で紹介した情報積算法をベースに開発された手法です[1]。デザインナビは一言でいうと開発するシステムの重要なパラメーターの最適値を決める方法です。試行錯誤やもぐら叩きを繰り返

し、しかも多数ある要求項目が完全には満たせないのに、販売開始時期や
納期に迫られて仕方なくレベルを下げた性能に甘んじて出荷してしまう従
来の開発の進め方に比べて、画期的に短期間に要求項目を最適化した最良
の製品が開発できる手法です。

　最良の製品が実現できるといっても、個々のパラメーターの値を決める
には何等かの情報が必要なりますので、簡単な実験またはシミュレーショ
ンによるデータ採取は必要になります。実験で多少の手間と時間はかかり
ますが、試行錯誤やもぐら叩きを繰り返す従来の開発の進め方に比べれ
ば、おそらく実験を含めても従来の開発時間に比べて 1/4 の時間で開発
できます。しかもその基本構想において到達できうる最高の性能を実現で
きるのです。

　例えば、次のような紙ヒコーキを開発するテーマがあたえられたとき、
読者の皆さんは満足いく紙ヒコーキをどれくらいの日数で完成できるで
しょうか [2]。

　開発テーマは次のとおりです。

「はがきより少し大きい B6 サイズの厚手のカードから図 3.1 に示すよう
な形状を作図し、切り抜いて、以下の機能的要求を見たす紙ヒコーキを
作る」

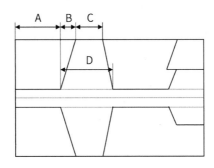

図 3.1　紙ヒコーキの製作図面

機能的要求 1：できるだけ遠くに飛ぶ
機能的要求 2：主翼の面積をできるだけ小さくする（材料削減を意味
する）

重りは大きめのクリップ 1 個で翼と胴体部分は図のような形状とする、と
いうものです。
　「このような開発テーマが与えられたとして、どれくらいの日数ででき
ますか」と多くのエンジニア（累計 100 名以上になるでしょうか）に聞い
てみたところ、答えは 9 割以上の人が「2 日以上」という回答でした。読
者の皆さんはいかがでしょうか。
　デザインナビで開発すると、まず A～D の寸法の組み合わせで 9 種類
のヒコーキを作ります（図 3.2 の上側 9 機）。寸法の最適な範囲は重りの
質量によって変わってきますので予備実験が必要になることがあります。
　次に、これらのヒコーキの飛ぶ距離を測定し、主翼面積は計算で求め、
この 2 種類のデータをデザインナビ（当時は確率ではなく情報量で計算し
ました）で解析すると、上記の二つの機能的要求を満たす最良のヒコーキ
の寸法が確定します。この場合デザインレンジ（目標値）はそれぞれの機
能的要求に対するすべてのデータの平均値以上としました。ヒコーキは丁
寧につくられていることが前提条件ですが、飛行距離の測定の再現性を良
くするためには、実験用カタパルトを準備することをお勧めします。
　これらのデータからデザインナビで寸法を決めて完成したのが図 3.2 の
一番下に示すヒコーキです（矢印のヒコーキ）。図から明らかなとおりか
なり主翼の面積は小さくなりました。しかもこのヒコーキは実に良く飛ぶ
のです。大きな体育館の端から端まで飛んでいってしまうほど性能が良い
ものでした。以上の作業をすべて含めて、なんと約 3 時間でこの紙ヒコー
キを完成してしまいました。
　以上でデザインナビの大略が理解できたでしょう。せっかく良いアイ
ディア、基本構造がみつかっても、その本来の性能の半分も実現しないで
製品化して販売してしまう例が世の中にはあまりにも多くみられます。企
業は日々ライバルとの競争に追われているので、開発に時間をかけられま
せん。もっと時間をかければ良くなるのにと思いながらも、時間切れで不

満足なまま製品として販売してしまうのが現実です。デザインナビはこのような無駄を解決します。つまり、そのアイディアが本来もつ性能を100% 達成した製品を開発することを可能にします。

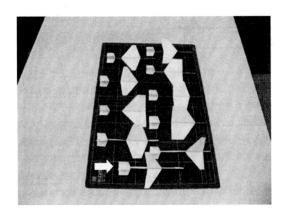

図 3.2　紙ヒコーキ

　デザインナビを用いる効果は上記だけではありません。本当の目的は別のところにあります。企業の開発プロセスを見てみると、アイディアや基本構想を創案するところに十分時間をかけず、後でアイディアが悪かったと後悔しているケースが多いように見えます。そのような非効率な開発プロセスはやめて、製品化のプロセスはデザインナビで簡単に済ませ、優れたアイディアや基本構造を創案するところにもっと時間とお金を注ぎ込むべきであると考えます。これが本当の生産性向上を実現するプロセスなのです。本来の本末転倒のやり方を改めてもらいたいという願いがデザインナビにこめられているのです。

　デザインナビの応用分野は製品やシステムの開発だけではありません。新技術そのものの開発にも使えますし、新材料の開発、医薬/化学、農業/漁業などいろいろな分野での製品開発から、製造条件の最適化、ひいては商品企画の初期段階にまで適用可能です。例えば植物工場の最適条件だとか、養殖魚の成長を早める餌の成分や最適な養殖条件の設定とか、料理関係ではおいしいドレッシングの成分割合だとか、それこそ応用分野は

無限です。また現在の製造販売している製品の改良にも使えます。デザインナビを手順に従って適用すれば一回で完成しなくても、何回か繰り返せば確実に完成にむかって前進させていることが実感できます。また、もしもそのアイディアが間違っている場合は、デザインナビが早い段階でそのアイディアは間違っていることを教えてくれるのです。

さらにもっと重要な特長は今まで述べてきたとおり、すべての要求項目に実現したい目標値を設定できて、しかもそれらすべてが全体最適的に実現できるように導いてくれる手法であるということです。世の中には部分最適化の方法で開発していることが多いのですが、デザインナビは全体最適化の方法で、それぞれの要求項目に目標値を設定し、すべての目標値をバランス良く実現することができる手法なのです。

デザインナビを用いればどうして最適値が見つかるのだろうかという疑問が湧くかもしれませんが、このメカニズムは第 2 章で述べた公理の中に含まれているのです。公理の妥当性は、この公理にもとづいた製品や技術の開発で目標の機能を実際に実現できていることにより証明されます。実際、デザインナビを用いることにより実現できた素晴らしいエビデンスがたくさん出てきていますが、その一部を第 4 章で紹介します。

3.2　デザインナビ実施のプロセス

まずデザインナビの全体の流れから説明しましょう。デザインナビのプロセスは次の六つのステップから構成されています。

① 機能的要求とデザインレンジの決定
② プロトタイプのデザイン
③ 重要なパラメーターの選定と水準の決定
④ 直交表に基づいていて実験またはシミュレーションによるデータの収集
⑤ システム実現確率を求めてパラメーターの最適値を決定
⑥ 求められた最適値で製品を作り性能を確認する

では片持ばりの開発を例にこのプロセスを説明しましょう。

3.2.1　機能的要求とデザインレンジの決定

　繰り返しますがここでは機械系の事例で説明しますがどのような場合にも使えます。まず、何を開発するのかという目標をタイトルで明示的に表現しなければなりません。短くて言いやすく内容を明確に理解できる表現にします。

　今回は例題として、

「軽くてたわみにくい片持ばりの開発」

ということにしてみましょう。片持ばりとは片方の端部が固定されているはりのことです。

　次に開発対象物の機能的要求を決めなければなりません。対象物にどのような機能をもたせるのかということを決めます。一般に開発を進めるときタイトルはきちんと決められるとしても、機能的要求までしっかり明示的に決めないで、タイトルだけを見てすぐに開発作業に走ってしまうことがよく見受けられます。例えば、「新しい自転車を創ろう」というテーマが出されたら、新しい自転車とはどのような機能をもつ自転車なのかをまず決めなければならないのに、実現するべき機能を十分に議論せずに思い付きで開発に走ってしまい、不十分な製品を開発して失敗してしまうなどというようなことです。

　機能的要求を始めに決めておくことは開発を進めるうえで（開発だけでなく一般に仕事を進めるうえでも）とても大切なことです。なぜなら、機能的要求は開発のベクトルをきめるものだからです。これを決めないで開発にかかってしまうと、いつの間にか違った方向に走ってしまったり、チームで開発するときに各自のテーマのイメージがまったく違っていて、最終段階で仕事の統一性、整合性がとれなかったりすることにもなりかねないからです。

　さらに、開発が成功するかどうかは、ひとえに機能的要求の質に左右されます。良い機能的要求を決められれば、その製品が実現したときに大量に売れるものになり、シェア拡大、企業利益増加につながります。つまり、極言すると企業の命運を左右するので十分に時間をかけて慎重に決めなければなりません。機能的要求の決め方は第 3 部を参照してください。

　以上のように、まず機能的要求を決めて、次にそれぞれの機能的要求に対する具体的な目標値、つまり実現確率の計算で用いられるデザインレンジを決めます。これが開発の到達すべき目標地点であり、開発の終了地点でもあります。この合格基準を決めておかないといつ開発を終わらせてよいか分かりません。

　デザインレンジは特定のユーザーがきまっている場合にはそのユーザーからのスペックとして与えられる場合もあります。このように、デザインレンジが外から与えられるときは簡単ですが、自分たちで決めなければならないときは過不足ない合理的なレベルのデザインレンジを決めなければならないので大変です。

　一つのやり方は「ベンチマーキング」という方法です。現在製造販売されている同じような製品（他社の製品も含みます）がある場合、その製品の性能を出発点にするやり方です。現在、製造販売されている製品より良いものを創ろうという意図です。自社の製品の性能だけでなくその業界の最高の性能を基準とする決め方です。しかし、これも蛇足になりますが、ライバルメーカーと同じような機能的要求で競争するのではなく、他社製品にはない革新的な機能的要求を設定して開発するべきです。

　今回の例題の機能的要求 (FR) とデザインレンジ (DR) を次のように決めます。対象とする片持ばりは、固定端から 500mm の位置に 100N の荷重がかかる場合で、材質は一般の鋼板とします（図 3.3）。

　　FR1：たわみにくい片持ばり、たわみの DR は 0.06mm 以下
　　FR2：質量の軽い片持ばり、質量の DR は 2kg 以下

というように機能的要求を決めます。専門的になりますが、材質は鋼板なので、ヤング率は 206GPa、密度は $7.86 \times 10^3 \mathrm{kg/m^3}$ として計算しました。これらの数値は以下の説明ではおもてに出てきませんが、読者の皆さんは以下の説明の流れだけを追ってもらえればデザインナビの使い方を十分理解できます。

　機能的要求ではもう一つ大切なことがあります。それは重要でない要求を入れないということです。例えば、ある製品の開発で基本性能が複数

あったとします。その他に「可能なら騒音をもう少し抑えたい（現状でもとくに問題ないのだが）」という要求を考えたとします。騒音を機能的要求に含めることにより、他の要求性能が犠牲になりパラメーターの最適値もそのためにガラッと変わってしまう場合があります。これはある意味で本末転倒です。顧客は本来の基本性能の良い製品が欲しいのです。騒音はそれほどレベルが高くないので顧客はとくに問題としないのに、考えすぎて騒音を機能的要求に入れたがために基本性能が下がってしまうというのは本末転倒です。つまり機能的要求に何を考えるかによってパラメーターの最適値が当然ながら変わってしまいます。このように機能的要求の選定の仕方は十分注意しなければなりません。基本性能を最初にしっかり確認して、それを満たす必要十分な機能的要求を選定するべきです。ちなみに騒音に関してさらに改善したいというときは、最高の性能を維持する構造（パラメーター）を決めた上で、騒音をできるだけ小さくするように2段階的に対策をとればよいのです。一般にはそれが可能です。

3.2.2　プロトタイプのデザイン

　次のステップはプロトタイプのデザインです。現在の技術レベル、または自社における最高の技術でプロトタイプをデザインします。プロトタイプは最高の技術で最高のデザインをすることが理想ですが、不完全なものでもかまいません。実際には不完全なデザインから始まることがほとんどです。多少のレベルの違いによって完成までの時間は異なりますが、どんなレベルのものから出発しても、基本構造さえ間違っていなければデザインナビが最良のものに導いてくれますから、最初のもののレベルをそれほど気にする必要はありません。

　ここで「プロトタイプのデザイン」という言葉を用いましたが、狭い意味にとらないでください。このデザインという言葉にはいわゆる製品のデザインだけではなく、技術の開発であればその具体的な技術内容であり、製造プロセスの改善であればその製造に使われる機械、装置、システムの運転条件になりますし、ソフトウエアの開発にも当てはまります。つまり、ここでいうプロトタイプの対象は、具体的な技術、条件、機械、システムという広い意味をもちます。もしシミュレーションが可能であれば経

営計画や企業組織など一般的なビジネスプランも対象にできます。

　プロトタイプのデザインでは N.P.Suh が提案した「機能独立の公理」に従ってできるだけ機能が独立するようにデザインするべきです [3]。現実問題としては難しい要求ですが、機能が独立するようにデザインされていないと、後で良い製品に仕上げるときに苦労することになります。例えば冷蔵庫のデザインで「物を出し入れする」と「庫内の温度を一定に保つ」の二つの機能的要求があったとします。この二つの機能的要求は互いに独立するようにデザインするべきです。物を出し入れするときに庫内温度が変動してしまう構造は機能が互いに干渉していますから良くないデザインということになります。実際には設置面積の制限やコストの関係で完全な解は求まらないかもしれませんが次善のデザインは見つかるでしょう。

　そこで、最初のプロトタイプの構造を図 3.3 に示すようにデザインしたとします。断面形状はねじりにも強いので箱型と決めました。ここでは話を簡単にしてプロセスをわかりやすくするために、たわみの機能的要求を満たしていれば応力的には壊れることはないと仮定します。

3.2.3　重要なパラメーターの選定と水準の決定

　次のステップでは前述の機能的要求にもっとも影響を与えるパラメーターを探します。ここで扱う例題で直ちに思いつく重要なパラメーターは b_1、b_2、h_1、h_2 の四つです。

　どれが機能的要求にもっとも影響を与えるパラメーターかということは、エンジニア各自の知識と経験と勘によるところが大きいのです。パラメーターが決まると次に、後でパラメーターの値を振って実験をしますが、その水準を決めます。開発をするときはパラメーターをどのような値に振ればよいかわからないことが多いでしょう。そのような時には手間はかかりますが急がば回れで、予備実験をして重要なパラメーターを探しかつその最適値が存在しそうなパラメーターの範囲をあらかじめ求め置くことも必要です。今回の例ではどの程度の構造になるかあらかじめ計算して大雑把な構造を把握しておきます。

　パラメーターが選定され水準が決まったら、それらを組み込んだ「直交表」を作る作業に入ります。ただ読者の中には直交表なるものに馴染みの

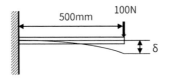

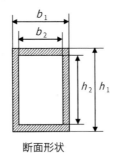

断面形状

図 3.3　片持ちはり

うすい方もおられるかもしれませんので、直交表について簡単に説明しておきましょう。

　直交表はデザインナビで用いる中心的なツールの一つです。もともとは実験計画法 (Experimental Design) という学問の中で確立された実験条件の組み合わせがデザインされた表です。

　実験計画法は R.A.Fisher（1890～1962 年）が考案した方法です。麦の品種改良と作付け条件の研究で、調べたい因子の効果をできるだけ少ない実験サンプル数で調べようと試みた方法で、その中で使用された表が直交表です。実験結果が得られた後、統計的な処理をしやすいように、パラメーター（因子）と水準が合理的に割り付けられています。つまり実験計画法ではこのように実験条件を配置すれば、分散分析という統計的な手法を用いて、少ない実験でも機能的要求にもっとも影響を与える因子（パラメーター）を見つけることができるのです。

　直交表の一つを表 3.1 に示します。直交表には多くの種類・サイズがあり [4]、ここに示すのは 3 水準の一番小さいサイズの表で L9（一般に 9 という数字は下付き文字を使いますがここではこのように表示することにし

71

表 3.1　L9 直交表

L9直交表

No	A	B	C	D	評価項目 1	評価項目 2
1	A_1	B_1	C_1	D_1	X_1	Y_1
2	A_1	B_2	C_2	D_2	X_2	Y_2
3	A_1	B_3	C_3	D_3	X_3	Y_3
4	A_2	B_1	C_2	D_3	X_4	Y_4
5	A_2	B_2	C_3	D_1	X_5	Y_5
6	A_2	B_3	C_1	D_2	X_6	Y_6
7	A_3	B_1	C_3	D_2	X_7	Y_7
8	A_3	B_2	C_1	D_3	X_8	Y_8
9	A_3	B_3	C_2	D_1	X_9	Y_9

ます）というものです。この表は 3 水準の表の中で一番小さいということもあり、実験回数がもっとも少なくてすみますので、パラメーターの数が 4 個以下のときには、デザインナビでもっともよく使用する表です。

　表で縦に並ぶセルを列、横に並ぶものを行といいます。表の構成は、第 1 列が実験の番号です。第 2 列から第 5 列までは四つのパラメーターが割り付けられています。第 6 列以降に評価したい機能的要求に関する実験データが機能的要求の数だけ並びます。このデータは後の実現確率の計算で必要になるシステムレンジを決めるのに用いられます。

　直交表では実験などのデータを記入する列を評価項目（機能的要求項目に対応します）と呼ぶことにします。評価項目は実験計画法やタグチメソッドの場合、基本的には 1 項目（1 列）だけですが、デザインナビでは何項目あってもかまいません。ここでは 2 項目が例として示されています。実際の技術や製品の開発では必ず複数の評価項目が存在しますので（例題の片持ばりの開発では二つあります）その点でもデザインナビのほうが現実的で使いやすくなっています。

　第 1 行の A〜D は選定されたパラメーターです。第 2 行目以下にはそのパラメーターの具体的な数値が入ります。A_1、A_2、A_3 などがそれです。三つの種類の値が入りますのでこれを「3 水準の値を割り付ける」と

いいます。それぞれの値はこの表のように決められた位置に割り付けていきます。そうすると 9 種類の実験条件の組み合わせが得られ、この条件の組合せで実験またはシミュレーションによる計算が行われてデータを採ります。

　評価項目が 1 項目しかない場合でも、よく間違った表の使われ方をしているのを見かけます。つまり、評価項目のデータの中で一番良いデータの実験番号のパラメーターの水準の組み合わせを最良の条件としてそのまま採用してしまうという間違いです。一般に最良なパラメーター値の組み合わせはこの表の中には存在しないのです。四つのパラメーターを 3 水準ですべての組合せを実験すると実に 3×3×3×3 ＝ 81 通りの実験をしてはじめてどの条件の組合せが良いかがわかるので、表の中の 9 種類の組合せの中から選ぶのは間違いです。しかもデザインナビではこの 9 種類の情報から全体的に最適的な条件のセットを、81 通りの組合せの中にはない間の値として見つけることができるのです。

　解析的な意味は省略しますが、直交という言葉を感覚的に説明しますと、どの 2 列をとっても水準のすべての組合せが入っていることを意味するのです。デザインナビではこの表の特長を利用して、少ない実験で網羅的に合理的に情報を集めて最適値を求めているのです。

　パラメーターは必ずしも連続量である必要はありません。例えば、外注部品をパラメーターに採用したいときにそれをパラメーター B に割り付けた場合、J 社の部品、K 社の部品、L 社の部品を B_1、B_2、B_3 として割り付ければよいのです。この場合 B は不連続量になります。

　水準の振り方で注意する点は、繰り返し実験しなおす手間と費用を避けるため水準はできるだけ幅広くとります。ただし、ものを作る実験などで、水準を幅広くとりすぎてしまうと、明らかに使い物にならないものができてしまい、そのようなデータは無意味になる可能性があります。しかも材料費が高価であるときは、できるだけそのような無駄を避けたいので、現実的なデータが得られるように抑えた水準で実験をする必要があります。

　できるだけ最適値を挟んで適当な水準幅で実験またはシミュレーションしたいものです。もし最適値がどのあたりにあるかまったくわからないと

きは、前述のとおり予備実験をしてだいたいの目安をつけるようにしましょう。さらに水準の振り方はできるだけ等間隔に振るとよいでしょう。この場合の問題点は後述します（図 3.13 の説明を参照のこと）。

　実験は手間とコストがかかるものです。もし近似計算ができるのであればできるだけ計算でデータを集めたいものです。シミュレーターがあればそれを利用するにこしたことはありませんが、近似計算でも十分です。デザインナビを使わないで試行錯誤で開発するよりは、近似計算してでも、このデザインナビで求めた最適値を使う方が劇的に良いものができることを理解してください。

　評価項目の列に示した X_1、X_2、X_3、. . .、Y_1、Y_2、Y_3、. . .、は一般にそれぞれのセルに複数のデータが入ることを意味します。またデザインナビの計算ではそれらの複数のデータの平均値をとって計算してはいけません。デザインナビは性能のばらつきも含めてパラメーターの最適値を求めることが特長ですから決して平均値を用いてはいけません。

　前述のように、デザインナビでは評価項目の数には制限がありませんが、あまり多すぎると最適値を見つけにくくなることがあるので、せいぜい 5〜6 項目に絞ることが望ましいでしょう。

　ここではパラメーターの数が 4 個でしたので直交表は L9 を採用しています。もし 3 水準で扱うパラメーターの数が増えて、例えば 8 個になったとすると L18（ただし 1 列目だけは 2 水準）というもう一段大きいサイズの直交表を用います（付録を参照）。このようにパラメーターの数が増えるとそれに従って大きなサイズの直交表が用意されているのでそれらを用いることになります。

　ただし L9 は一つ欠点があります。それは 1 列目と 2 列目が互いに影響し合う関係（これを「交互作用」と呼びます）が強いと、その影響が 3 列目と 4 列目に強く出てくるという性質があります。これを「交絡」といいます。したがって、3 列目と 4 列目に関するデータにそれの影響で誤差を生じます。これを避けるにはできるだけ 1 列目と 2 列目には交互作用が少ないと見られる（つまり互いに独立性の強い）パラメーターを割り当てます。

　L18 はこの影響が少ないといわれているので、できるだけ L18 を使用

しなさいという意見もありますが、これを使うということは倍の手間や費用がかかることを意味します。デザインナビでは少々交互作用の影響が出てもかまわないと考えます。工学では良いものができればよいわけですから、できるだけ L9 を使って手間と費用をかけずに効率よく開発を進めることをお勧めします。

　しかも幸いなことに、後ほど説明しますが、それぞれのパラメーターの最適値を独立に決められるというデザインナビの特長から、交互作用はほとんど心配しなくてよいのです。交互作用は、例えば A の最適値を決めるとき、ほかのパラメーター、例えば B とか C とかの値いかんによって A の最適値が左右されるということです。つまり、パラメーターの最適値が互いに独立して決められないということです。ところが、表 3.1 の直交表を見るとわかりますが、例えば A_1 のシステムレンジを計算するとき、A_1 の水準は 3 行あり、その横を見てもらうと B、C、D のパラメーターは 3 水準すべて含まれていますので、B、C、D がどのような値に決まっても、それらの影響を考慮しながら A の最適値が決められることを意味しているという特長がデザインナビにはあります。つまり、デザインナビでは交互作用の影響も考慮してパラメーターの最適値を決めているのです。実際このような影響があってもデザインナビで開発された多くの製品が目標の性能を出していることからも L9 でも十分であることは明らかです。

　以上 3 水準の直交表の話をしてきましたが、2 水準の直交表も使えます。ただし、この場合は 2 点の水準点のどちらかが最適かという決め方しかできず、中間に最適値があった場合にそれが求められないという欠点があります。

3.2.4　直交表に基づいて実験またはシミュレーションによるデータの収集

　いよいよ直交表に基づいて実験またはシミュレーションまたは近似計算によりシステムレンジに必要なデータを求めるプロセスに入ります。実験をしないほうが時間と費用の点でかなり有利ですから、できるだけシミュレーションでデータをとりたいものです。しかしシミュレーションができなくても、もし近似計算ができればそれだけでも多少精度は劣るかもしれ

ませんが、従来のような試行錯誤で闇雲に中途半端な開発を強行するより
はずっと良い結果が得られます。

　シミュレーターは評価項目ごとに異なった、その項目専用のシミュレー
ターを用いても問題ありません。熱に関する評価項目は熱計算シミュレー
ターで評価し、流体関係の特性は別の流体計算用のシミュレーターで評価
するということでも問題ありません。とにかく、できるだけ実験の手間を
省きたいものです。その意味でパラメーターは 4 個までに絞り L9 の直交
表を用いたいところです。そうはいっても、シミュレーションにしても近
似計算にしてもあくまでも近似の範囲を出ません。シミュレーションの場
合には、とくに外部環境の条件（計算結果にデリケートに影響します）
を変えて計算することができない場合が多いし、新しい分野の開発を進め
る場合はとくに外部環境の微妙な影響が計算では予測がつかないので、実
験でデータを集めることが王道であることには変わりありません。

　そこで、データを取るときの注意ですが、基本の実験条件は直交表に与
えられているとおりですが、それ以外にデータに影響を与える外部条件が
あるはずです。例えば室温ですとか、湿度ですとか、購入部品のロットの
違いによる特性値のばらつき、開発対象への入力値のばらつきなどいろい
ろなものが考えられます。その多くの影響をどのように考えればよいかと
いいますと次のような考え方があります。評価項目の値が大きく出る外部
条件の組合せと、値が小さくでる外部条件の組合せをあらかじめ把握でき
れば、その 2 種類の外部条件の組合せでデータをとることが考えられま
す。つまり、両極端の条件でデータをとるとシステムレンジが幅広く確定
できるからです。

　評価項目の各セルに入る複数のデータは、実験またはシミュレーション
で得られた生のデータです。前にも述べましたが決してデータの平均値を
用いてはなりません。平均値を用いてしまうと折角のデータのばらつきが
一度フィルターにかけられたことになり、ばらつきの特徴が消えてしまう
からです。デザインナビは使用条件のばらつきも考慮して（つまりどんな
使われ方をしても）最高の性能が出るように現実的な最適値を決められる
ことが大きな特長なので、決して平均値などを用いてはなりません。

　それでは例題の片持ばりに戻って計算してみましょう。この場合の質量

（重量）は計算で求まりますし、たわみも材料力学という学問で計算でき
ますので、計算でデータを求める場合に相当します。水準も予備計算でど
の辺りに最適値がありそうか予想できますので、その値を挟んだ水準を決
めました。たわみ（評価項目 1 ）と質量（評価項目 2 ）の計算結果を表
3.2 に示します。

表 3.2　片持ばりの最適形状を求めるための直交表

No.	b_1	h_1	b_2	h_2	評価項目 1	評価項目 2
1	30	60	27	52	0.0904	1.556
2	30	65	28	55	0.0678	1.611
3	30	70	29	58	0.0524	1.643
4	32	60	28	58	0.1675	1.163
5	32	65	29	52	0.0515	2.248
6	32	70	27	55	0.0374	2.967
7	34	60	29	55	0.0964	1.749
8	34	65	27	58	0.0596	2.531
9	34	70	28	52	0.0314	3.631
平均					0.0727	2.122

　　ここでは外部条件を変えた繰返しの計算はありませんのでデータは各セ
ルに 1 個だけとなります。最下行の平均とは評価項目の列ごとのデータ
の平均値であり、デザインレンジに特別な指定値がないときは、この値を
デザインレンジに用いることがありますので計算してあります。この場合
はより良いものが開発できればよいという程度の意味になります。

3.2.5　システム実現確率を求めてパラメーターの最適値を決定
　　さてここから、たわみが小さく軽いはりを実現するための各パラメー
ターの最適値を求める作業に入ります。ここがデザインナビの核心です。
基本的な計算の流れは、実現性予測法の計算と同じになります。つまり、
たわみの実現確率と質量の実現確率を求め、それらを総乗してシステム実
現確率を求め、その確率がもっとも大きくなるパラメーターの値で製品を

作れば、この二つの要求項目をもっとも確率高く実現してくれるはりが完成します。

　具体的な計算は以下のとおりです。パラメーター b_1 に対するたわみの実現確率を求めてみましょう。まず b_1 が 30 の位置のたわみのシステムレンジを求めてみます。直交表を見ると 30 は 3 ヶ所 (第 1 行から第 3 行) にあります。したがって、この 30 に対応する 3 組のデータ 0.0904、0.0678、0.0524 をグループとして平均値 m を求めると、

$$m = \frac{0.0904 + 0.0678 + 0.0524}{3} = 0.0702$$

標準偏差 s は第 2 章の式を用いて x_i に上記の 3 個の数値を代入して計算します。

$$s = \sqrt{\frac{1}{n-1} \sum_{i=1}^{n} (x_i - m)^2} = 0.0191$$

したがって、30 の値におけるシステムレンジは、

$$m \pm ks$$

として求められます。システムレンジ係数 k の値は 2 章で説明した通り、実現性予測法では実現確率の絶対値が必要でしたから 3 を採用しましたが、デザインナビでは同じパラメーター間で相対的な実現確率の大小関係が重要になります。そうすると 3 倍までシステムレンジを広げると最適値を求める感度が鈍くなるので k は 1 として計算します。しかしデザインレンジが厳しくなってくるとシステムレンジが上下ともデザインレンジから外れてしまう範囲が広くなりかえって真の最適値が見つけにくくなります。その場合は k を大きくします。

　この場合はシステムレンジの上側の値は 0.0893、下側の値は 0.0511 となります。この 2 点が図 3.4 の b_1 が 30 の値のところの線上にプロットされます。同様に 32、34 の位置のシステムレンジを計算してその線上の点をプロットします。例えば、32 に対するシステムレンジは 0.1675、0.0515、0.0374 の 3 個のデータから計算されます。

　どうしてこのようにたわみのばらつく範囲が存在するかというと、直交

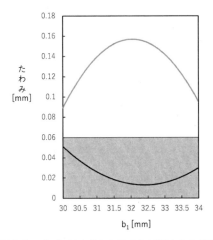

図 3.4　　b_1 に対するたわみのシステムレンジ曲線 (k=1)

表で b_1 が同じ値の 3 行を見ますと、前述したとおり他のパラメーターの
すべての水準が含まれていることがわかります。つまり、他のパラメー
ターのすべての変動が影響しているのです。逆にいうと他のパラメーター
がいかなる値をとろうとも、b_1 の位置におけるたわみはすべてここで計
算されたシステムレンジの範囲内にあるということがいえるのです。

　こうしてシステムレンジの上側の 3 点と下側の 3 点が求められたので、
上側の 3 点を 2 次曲線でつなぎ、下側の 3 点も同様に 2 次曲線でつなぎ
ます。このようにして求まった上側のシステムレンジ曲線と下側のシス
テムレンジ曲線を図 3.4 に示してあります。たわみのデザインレンジは
0.06 以下のアミがついている範囲です。

　以上の準備のもとに 30 から 34 の間を何等分かして各位置における実
現確率を求め、それらの点をつなぐとたわみの実現確率曲線が求まりま
す。例として 100 等分して計算した結果を図 3.5 に示します。

　同様に質量の実現確率曲線を求めると図 3.6 となります。質量の実現確
率曲線の左端が一部直線になっているのは、その範囲の実現確率が 1 に
なっていることを示しています。質量はたわみとまったく逆の傾向の曲線
となっています。つまりたわみと質量はトレードオフの関係になっている
のです。

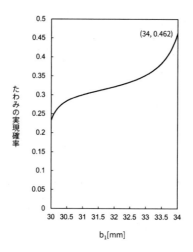

図 3.5　b_1 のたわみの実現確率曲線 (k=1)

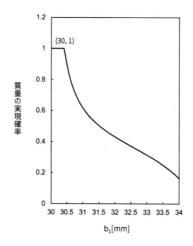

図 3.6　b_1 の質量の実現確率曲線 (k=1)

　次にたわみと質量を合わせたシステム実現確率を求めます。x 軸の各位置における二つの実現確率を掛け合わせてシステム実現確率が求まります。そのようにして求まったシステム実現確率曲線を図 3.7 に示します。

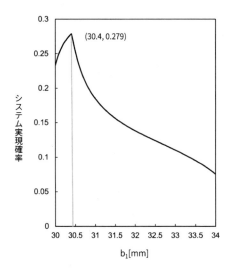

図 3.7　　b_1 のシステム実現確率曲線

　システム実現確率は b_1 が 30.4 のところ（図中には最適値の位置とそこの
システム実現確率の値が xy 座標値として示されています）で最大となっ
ているので、この値がたわみと質量の要求値であるデザインレンジをもっ
とも満足させる b_1 の最適値であることがわかります。
　今回の例ではシステムレンジ曲線を求めるのに 2 次曲線で 3 点をつな
ぎましたが、水準間（30 と 32 の間、32 と 34 の間）で 2 次曲線の変化に
乗らないような異常な変化がとくにないことが前提です。例えば、電気回
路や機械系の共振現象や、化学反応の相転移のような異常な変化が存在す
る場合は 2 次曲線でつなぐことはできません。水準の 3 点の位置におけ
る値しか用いることはできません。つまり、このような場合は連続量とし
ては扱えませんので各水準の位置のシステム実現確率しか使えません。も
し水準間の特別な値を求めたいときは、その近辺にもう一度水準を取り直
して再実験する必要があります。
　ここで注意することが 2 点あります。上記のようにシステムレンジの 2
次曲線を求めておいて、全水準の範囲を細分化して実現確率を細かく計算
すれば実現確率曲線が詳しく描けますが、細分化して計算することが面倒

だという理由でしばしば手計算では三つの水準点の実現確率を先に求めてしまい、この 3 点の実現確率を 2 次曲線で近似して結び、実現確率が最大なところを求めるやり方もあります。これを「実現確率の近似計算」と呼ぶことにします。結論からいうと、この近似計算は間違った最適値を求めてしまう危険性があるので使うべきでありません [5]。

　もう 1 点はシステムレンジ曲線が現実に存在しない領域に入ってしまう場合です。例えば消費電力がマイナスということは消費ではなく電力が発生してしまうことですから現実にはあり得ません。しかし、システムレンジの計算はあくまでも実現確率を求めるための方便ですから、実現確率を計算する時は必ずマイナス側まで含めて計算しなければなりません。

　次に、h_1 について調べてみましょう。まず h_1 のたわみのシステムレンジ曲線を見ると、図 3.8 のようになります。ここで注意しなければならないことが一つあります。h_1 の値が 63 あたりの値以下ではシステムレンジが上側も下側も両方ともデザインレンジから外れてしまっています。つまり、この範囲では実現確率がゼロになってしまっています。このように、完全にシステムレンジがデザインレンジから外れてしまう範囲が広いほど当然ながら正しい最適値を見つけるのは難くなります。

　極端な場合 3 水準のうち二つの水準（この場合では第 1 と第 2 水準）で実現確率がゼロになってしまうと、最適値は見つかりません。このような場合は水準を振り直して再実験しなければならなりません。再実験はお金と時間がかかるので好ましくないという理由で、精度が悪い近似値でもよいからなんとか最初にとったデータだけで実現確率曲線が求められないかという要求が出てきます。そこで採用する手段が k を大きくして、少なくともシステムレンジの上下いずれか一方の曲線がデザインレンジにかなりの割合で入って、ほとんどの範囲で実現確率がゼロ以上の値になるように調整する方法です。ただし 2 を超えて上に上げるとかえって誤差が大きくなる可能性があるので 2 までに止めておいたほうがよいと思われます。この辺の議論は、まだ学問的にまだ確立していないので今後の研究を待ちたいと思います。

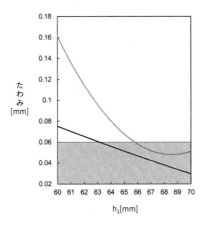

図 3.8　　h_1 のたわみのシステムレンジ曲線 (k=1)

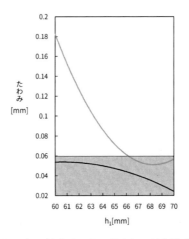

図 3.9　　h_1 のたわみのシステムレンジ曲線 (k=1.5)

　そこで、k を 1.5 として計算してみますと図 3.9 のように、少なくとも
システムレンジの下側の線が完全にデザインレンジに入ることになり、実
現確率のゼロの部分が消えます。h_1 については、k を 1.5 として求めたシ
ステム実現確率曲線を図 3.10 に示します。b_2 と h_2 にはそのような問題
が生じないので k を 1 として計算したシステム実現確率曲線を図 3.11 お

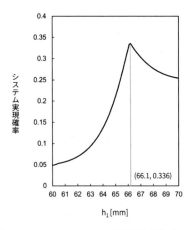

図 3.10　h_1 のシステム実現確率曲線 (k=1.5)

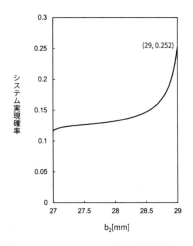

図 3.11　b_2 のシステム実現確率曲線 (k=1)

よび図 3.12 に示します。ここで各パラメーターは独立に計算できること
を思い出してください。

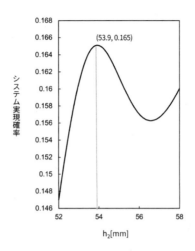

図 3.12　　h_2 のシステム実現確率曲線 (k=1)

　このようにして四つのパラメーターすべての最適値が求められました。四つの最適値は後に示す表 3.3 にまとめてあります。

　以上の k について考え方をまとめると、上下いずれかのシステムレンジ曲線がデザインレンジに入る場合は感度の良い k=1 で計算します。例えばデータの平均値をデザインレンジにするときも実現確率がゼロになることはまずないので k=1 でよいのです。しかし、デザインレンジが厳しくなると k=1 では広い範囲で実現確率のゼロのところが出てくるので、真の最適値が見つけにくくなります。そのときは k=1.5 で計算します。

　最後に上下のシステムレンジ曲線が逆転してしまう現象について説明します。このような現象は水準が不等間隔に設定された場合に時々起こります。例えば、図 3.13 の例では、水準 P を 5、6、9 と振った場合ですが、6 と 9 の間でシステムレンジに逆転が生じていて正しい最適値の計算ができません。したがって水準はできる限り等間隔に振ってデータを採るべきですが、それができないでしかもシステムレンジ曲線の上下が逆転してしまったときはどうするかというと、正しい値は水準の位置だけです。ということはもう連続量としては扱えないので実現確率の値も水準の位置の値しか使えないということです。

表 3.3　最適値による性能の確認

パラメーターと評価項目	b_1	h_1	b_2	h_2	たわみ (mm)	質量 (kg)
最適値とそのときの性能	30.4	66.1	29	53.9	0.0573 目標0.06以下	1.754 目標2.0以下

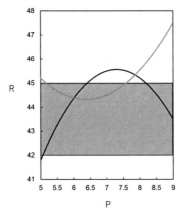

図 3.13　上下のシステムレンジ曲線が逆転してしまう場合

3.2.6　求められた最適値で製品を作り性能を確認する

　最後のステップではこれらの最適値でシステムを作り、目標値どおりの性能が出ているかどうかを確認します。目標値どおりの性能が出ていればそれで開発は完了ですが、もし性能が予定どおり出ていない場合は再度水準を振り直して同じようなプロセスを繰り返します。修正して再度やり直すときは前より必ず良い結果が予測できるパラメーター値が推定できますので、従来の試行錯誤のように果たしてうまくいくかどうか心配しながら開発を進めることはありません。この点については追って説明します。

　それでは上記の例題に戻って最適値で性能が出ているかどうか確認してみましょう。この場合は実験をしなくても計算で確認できます。その結果を表 3.3 に示します。この結果から明らかなとおり、たわみも質量もこの最適値で片持ちばりを作れば目標値を全体最適的に達成できていることがわかります。したがってこれで開発は完了したことになります。

それではもっと難しい要求が出された場合はどうなるでしょうか。例えば、

FR1：たわみ：0.05mm 以下
FR2：質　量：1.6kg 以下

つまりたわみはもっと少なく、質量ももっと軽くしたいというわけです。この場合の最適値と最終性能は表 3.4 に示すとおりです。このケースでは k を 1 で計算すると h_1 のかなりの範囲で実現確率がゼロになってしまったので、すべてのパラメーターに対して k を 2 で計算しました。この結果、たわみも質量もいずれも目標を達成できていませんでした。

表 3.4　最適値による性能の確認 (目標値がより厳しい場合、k=2)

パラメーターと評価項目	b_1	h_1	b_2	h_2	たわみ (mm)	質量 (kg)
最適値とそのときの性能	31.2	68.6	28.2	58	0.0521 目標0.05以下	1.986 目標1.6以下

さて、このように要求値が満たせないときはどうしたらよいでしょうか。このような場合、まず最適値が最初にデザインした水準でうまく捉えられているかどうかをみます。図3.14 で h_2 のシステム実現確率曲線をみると、右端よりもさらに右側に振れば実現確率が高くなるので現在よりはよい良い結果が期待できそうですから、h_2 の水準をもっと大きな値のほうに振り直して再実験することが一つ考えられます。

ここで注意しなければならないのは、h_2 をもっと大きいほうに振ればよいということが判明したら、直交表を組み替えて新しい条件の組み合わせで再実験しなければなりません。このパラメーターだけグラフから推定してもっと大きな値にすればよいと考えるのは間違いです。どれかのパラメーターの水準を水準外に変更すると、他のパラメーターの最適値も変わってしまうので、パラメーター全体の最適値のバランスが崩れて結局性能が出ないということになります。面倒でも新しい直交表でもう一度実験

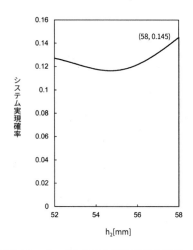

図 3.14　　h_2 のシステム実現確率曲線 (k=2)

し直さなければなりません。

　もう一つの改善方法は、重要なパラメーターを何か見落としていないか
を調べることです。この例では、実は重要なパラメーターが一つ考慮され
ていなかったのです。それは、はりの先端に行くほど、たわみを抑える効
果の少ないぜい肉が多くついているという事実を改善するパラメーターが
抜けていたのです。そこで先端に行くほど断面形状を細くするという新し
いパラメーターを考えれば、この厳しい要求値をクリアできる可能性があ
ります。

　それでもうまくいかない場合は、最初にこの要求を満たせると思ってデ
ザインしたこの基本構造が間違っていたのです。この基本構造を根本的に
変更しなければならないことをデザインナビは教えているのです。従来の
開発のやり方ではこのような情報、つまり「基本構造が間違っているよ」
という情報が得られないので、やたらに試行錯誤を繰り返して、時間とお
金を浪費してしまうということがしばしば起こっていました。デザインナ
ビはこのような無駄を省いて早く正しいソリューションに導いてくれるの
です。

　今回の例でいいますと違う基本構造とは、例えば先端にも支えを設ける

とか、高価だけれども剛性が高くて軽い材料を採用するということを考えないといけないということです。

　確認実験で重要なことがもう 1 点あります。それは外部条件などを変えて繰り返し実験して性能（機能的要求）の ±3σ（正規分布を仮定すれば99.7% が要求する範囲に入る）がデザインレンジに入っていることを確認しなければいけないということです（図 3.15）。この場合の σ はデータが正規分布すると仮定した標準偏差であり、これが確認できれば要求性能が再現性良く保証されることを意味します。

　外部条件を変えるときもユーザーがこのシステムを使用すると考えられる極端な条件のもとでも性能がデザインレンジに入っていることを確認しなければなりません。開発の初期の段階で直交表に従ってデータをとるとき、実験を想定できる極端な使用条件で行っていれば、それも考慮した最適値がデザインナビで求められているはずです。

　少し専門的になりますが、このようなはり問題では前にも述べましたが、この荷重で壊れないかを調べなければなりませんが、壊れないまでも永久変形を起こさないかどうかを調べる必要があります。さらに専門的には、はりの縦の壁がかなり薄くなるので (0.75mm) バックリングしないかどうかも調べる必要があります。ここではそれらの検討は省略しますが、一般にはたわみをある値以下に抑えると、応力のほうは余裕がでてきます。

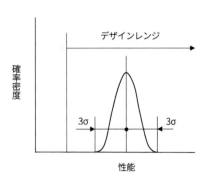

図 3.15　　性能確認実験結果

　ではパラメーターの最適値が決まったとして、この値がどれくらいずれ
ると性能が出なくなるかということも問題となります。つまり、各パラ
メーターの公差をどのように決めれば品質管理上安全かという問題です。
その場合品質が維持できるであろうという範囲（公差を決める範囲）を推
定して 3 水準に振って直交表を作成し再実験します。前述の性能確認実
験ですべての機能的要求がデザインレンジに入っていることは確認されて
いるので、すべてのパラメーターに対してシステム実現確率の 1 の範囲は
当然存在するはずです。したがってシステム実現確率が 1 の範囲にパラ
メーターの公差を設定すれば品質は保証されます。これらのデータを勘案
して公差はできるだけ広くとる方が生産コストを下げられることはいうま
でもありません。

　性能確認実験において一つ注意があります。デザインナビは与えられた
構造のパラメーターの最適値を求めることはできますが、その最適値で目
標値が必ず実現できるということは保証していないということです。デザ
インナビの役割はあくまでもその構造がもつ最高の性能を実現させますよ
というところまでです。性能確認実験で性能が出なくてもそれはデザイン
ナビの責任ではありません。基本構造が不十分でまちがっているだけのこ
とです。基本が間違っていればいくらその構造がもつ最高の性能を実現し
ても目標は達成できないのです。

3.3　性能の予測

　パラメーターの最適値が求まった段階で、ではこの最適値でシステムを
作った場合、作る前からどのような性能になるかということを実験しない
で知りたくなります。もしこの最適値でどのような性能が出るかを確認で
きれば開発はかなり効率的に進められるはずです。しかし、性能はこの範
囲にあるだろうという範囲の予測ならできますが、残念ながら性能のポイ
ント的な予測はできません。デザインナビは本来平均値だけでなくばらつ
きも考慮したシステムレンジという概念で最適値を求める手法なので、ポ
イント的な性能の予測はできなくても、性能がばらつく範囲を予測するこ
とはできます。以下に具体例で説明しましょう。

　例えば図 3.16 に示すように、性能 P に対する最適値が $A_{OP} \sim D_{OP}$ と

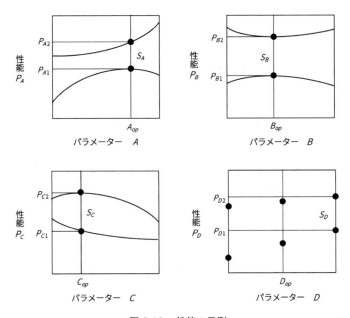

図 3.16　性能の予測

して求められたとします。当然 A〜D の四つのパラメーターに対して性能 P に対するシステムレンジはすでに求められています。これらの情報から各パラメーターの最適値における性能 P のばらつく範囲（システムレンジ）は S_A〜S_D として求められることになります。

　この図の意味するところは、各パラメーターに対応する性能 P の予想される範囲はそれぞれ違うということです。例えばパラメーター A の最適値を A_{OP} とすると、性能 P の予想される範囲は S_A になりますが、パラメーター B の最適値を B_{OP} とすると、性能 P の予想される範囲は S_A とは違う S_B という範囲になるのです。そう考えるとすべてのパラメーターを最適値に固定したときシステムが取りうる性能 P の予想される範囲は、これらすべてのシステムレンジの積集合、つまり共通のシステムレンジ範囲でなければならないということになります。

　したがって、この図の場合、各性能の数値の大小関係が上側のシステムレンジの値に対しては、

$$P_{B2} > P_{C2} > P_{A2} > P_{D2}$$

下側のシステムレンジの値に対しては、

$$P_{C1} > P_{D1} > P_{A1} > P_{B1}$$

であったとすると、パラメーターにこれらの最適値を採用したとき、システムがとる性能 P の予想される範囲は、

$$P_{D2} > P > P_{C1}$$

となるということです。したがって、この範囲の中心値がもっとも確率の高い中心的な期待値になるであろうということまでしかいえません。

　この性能の範囲は一般に広くなっています。なぜなら、最初の直交表は水準を広く振ってあるからです。もし、もっと狭い範囲の性能を予測したいのであれば、これらのパラメーターの最適値の上下に狭い水準を振り直して直交表を作成し、再実験します。この再実験で得られたシステムレンジを用いて上記の計算をすれば上記よりはもっと狭いピンポイントに近い性能が予測できます。しかし再度直交表による実験をしなければいけないのでこのような性能範囲を求める必要性がない限りあまり意味がありません。

3.4　デザインレンジが正の一定値の場合

　これまでデザインレンジはある値以下とか以上とか、またはある幅をもった場合を論じてきました。しかし、実際にはデザインレンジがある特定の幅のない正の一定値としたい場合もあります。例えば、あるフィルムを 0.1mm の厚さに製造したいとか、50μF というコンデンサーを量産したいなどという場合です。実際には公差が決められているので、フィルムであれば 0.1±0.01mm の範囲に製造すればよいし、コンデンサーであれば 50±0.1μF などのような公差範囲に製造すればよいわけですが、それでもこのデザインレンジの幅は非常に小さく、一定値とみなしてもよいくらいです。

　このように、正の一定値または幅の狭いデザインレンジの場合は、それよりずっと幅の広いシステムレンジに完全に含まれてしまうことがほとん

どです（図 3.17）。こうなるとシステムレンジの中のデザインレンジは上下方向でどこにあっても実現確率は同じ値になります。図の場合、中央部はシステムレンジの幅が大きいので実現確率は小さな値になり、両端はシステムレンジの幅が小さいので実現確率は大きくなります。もし左右のシステムレンジが同じ幅だとしたらどちらを採用すればよいでしょうか。実はどちらでもよいというわけではないのです。デザインレンジの位置が問題となります。デザインレンジがシステムレンジの上下方向で中央になるほうのパラメーター値が正しい最適値なのです。なぜなら、図 3.17 でシステムレンジをどんどん狭めていくと分かりますが、左端のほうが早くデザインレンジが外れていくのです。つまり、左端のほうが目標を実現しにくいのです。したがって、右端のパラメーター値が最適値になります。

　つまり、実現確率が同じような値の時はシステムレンジの中心値（平均値）がデザインレンジの中心に近いほどよいのです。ところが、デザインレンジの幅が狭かったり、正の一定値であったりすると実現確率の計算値にはそのような情報が出てきません。そこで、それを改善するにはどうするかといいますと、データそのものを工夫して目標値に近いデータをより目標値に近づけ、遠いデータはますます遠くに移動させて、その結果とし

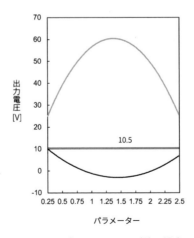

図 3.17　デザインレンジが狭い場合

てシステムレンジを広げるように工夫できればよいことになります。その方法として二乗誤差を使うのです。

　二乗誤差とは各 x_i における目標値 y_i からのずれを e_i とすると e_i^2 です。要求する範囲 e_d 以内に収めたいと考えると e_d^2 以下というデザインレンジを考えるのです。このようにデータやデザインレンジを定義し直すと、デザインレンジから離れるほど大きな数字になってシステムレンジは広がるので、実現確率も小さな値になり、そのパラメーターの値は最適値として選ばれません。デザインレンジから外れるほどシステムレンジを広げるということは逆の意味で感度を高くしていることになります。したがって、単なる差分 e よりは感度良く最適値をみつけられる可能性は高くなる利点があります。

3.5　入出力の関数関係を実現したい場合

　世の中の製品には一定の出力を求められる製品ばかりではありません。例えば自動車ではアクセルの踏込み量と自動車の加速がある特定の関係を実現することが求められるでしょう。また、自動車の減速でも同じです。照度可変の照明器具では調整用のつまみ回転角度と照度がほぼリニアな関係にあることが求められるかもしれません。音響機器の音量調整用のボリューム回転角度と音量の関係もそうです。このような入出力関係のシステムを実現したい場合はどうしたらよいかというのが本節のテーマです。

　図 3.18 にシンプルな入出力関係を示します。このような入出力関係を実現するには、a と b のデザインレンジを決めて、直交表では評価項目としてa と b の列を入れるのです。もちろん他の評価項目が存在すればそれも加えます。そこで、直交表の各行に相当する条件の下で入力を変えて出力を測定して図のような関係を求めます。その入出力関係をあらわす線からa と b をデータとして評価項目のセルに記入すればよいのです。当然ながら実験を繰り返すと a と b の値はばらつきますが、このようにデザインナビを適用すれば、そのばらつきを含めて、しかも他の評価項目があればそれらを含めて、もっとも全体最適的な入出力関係を実現する最適なパラメーターの値が求められるのです。

　これをさらに拡張した問題としては、入力 x に対して非線形な関数関係

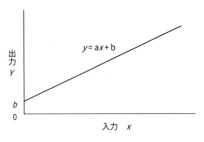

図 3.18　　1 次関数関係の場合

に従って出力 y を正しく出したいということがあります。つまり、入力
と出力がある非線形な関数関係となるようなシステムを実現したいという
ことがあります。式で書くと、

$$y = f(x)$$

という関係を実現したいという場合です。f(x) は単なるリニアな関係であ
れば前述のやり方を採用すればよいでしょう。しかし、図 3.19 に示すよ
うなもっと複雑な非線形の入出力関係を実現したい場合は、二乗誤差を用
いてデザインナビを適用します。

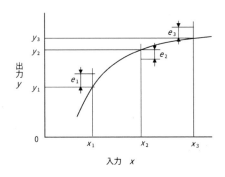

図 3.19　　機能的要求が非線形な関数関係の場合

　具体的には L9 の直交表を用いる場合を表 3.5 で説明します。曲線上に
必要十分な数の定義点をとり（図では簡単のため 3 点で示してありますが

もっと複雑な曲線の場合には定義点の数は増えます）。そこの入力 x に対する出力 y を測定し本来の曲線からの誤差 e を求めます。

評価項目は前述のように目標値からのずれ e の2乗として計算されます。この表では評価項目として関数関係だけを載せてありますが、当然他の機能的要求もすべてこの表の y_3 列の右側以降の列に入ってきます。ただ、説明を簡潔にするためにここではそれらの評価項目は省いてあります。評価項目をこのように工夫すれば一般の関数関係も普通の評価項目と同列に扱うことができます。

表 3.5　機能的要求が非線形な関数関係の場合

No.	A	B	C	D	y_1	y_2	y_3
1	A_1	B_1	C_1	D_1	e_{11}^2	e_{21}^2	e_{31}^2
2	A_1	B_2	C_2	D_2	e_{12}^2	e_{22}^2	e_{32}^2
3	A_1	B_3	C_3	D_3	e_{13}^2	e_{23}^2	e_{33}^2
4	A_2	B_1	C_2	D_3	e_{14}^2	e_{24}^2	e_{34}^2
5	A_2	B_2	C_3	D_1	e_{15}^2	e_{25}^2	e_{35}^2
6	A_2	B_3	C_1	D_2	e_{16}^2	e_{26}^2	e_{36}^2
7	A_3	B_1	C_3	D_2	e_{17}^2	e_{27}^2	e_{37}^2
8	A_3	B_2	C_1	D_3	e_{18}^2	e_{28}^2	e_{38}^2
9	A_3	B_3	C_2	D_1	e_{19}^2	e_{29}^2	e_{39}^2

3.6　パラメーターの選び方

デザインナビを用いた開発は、重要なパラメーターがすべて選択されている場合は簡単に結果が求められますが、重要なパラメーターが一つでも欠落していた場合は、そのパラメーターを見つけ出して再度直交表を組み直し実験する必要があります。デザインナビは前にも説明したとおり重要なパラメーターが欠落していることを教えてくれますが、だからといって最初から分かっていないとその分手間が増え、時間も経費も余分にかかってしまうことになりますから、効率よく開発するには最初から重要なパラメーターがすべて分かっていることが好ましいのです。

前述したとおり機能的要求は互いに重複がなく独立していることが望ましいのです。もし独立しているとすれば、パラメーターはそれぞれの機能

的要求に対応したものを選ぶべきです。つまり機能的要求の数とパラメーターの数は同じ数になります。しかし実際にそのような状況が実現できないときは同じ数にする必要はありません。

　ある意味で重要なパラメーターを見出すということは、昔から偉大な科学的な発見につながる話です。例えば、ある植物の生長率や収量を高めたいという目的があったとして、この目的を支配する因子（パラメーター）を見つけようとするとき、光の強さ、光のスペクトル、光を当てる周期、温度、湿度、栄養素、従来にない新しい栄養素、水分の与え方……、考え出したら膨大な数の因子を調べなければなりません。このような問題はデザインナビでは扱うことができません。開発担当者の腕のみせどころでもあります。将来この分野の研究が盛んになり多くの重要な知見が得られればうれしいことです。

　実験計画法では、影響を与える因子を、例えば直交表で実験して分散分析で判別することはできますが、残念ながら評価項目は1項目しか扱えませんし、重要因子を網羅的に見つけられる手法でもありません。複数の評価したい項目が存在する現実の開発では、むしろデザインナビを用いてシステム実現確率曲線を見ればどのパラメーターの影響が大きいかは一目瞭然でわかります。システム実現確率曲線で1に近い、もしくは1になる部分のあるパラメーターは影響の大きいパラメーターということになります。とくに、実現確率曲線が1に向かって急に立ち上がりまた落ち込むところに最適値がある場合は、パラメーターが最適値からずれるとたちまち性能が悪化します（実現確率が減少する）ので扱いを注意しなければなりません。しかし重要因子を見落とさないようにするには手間ではありますが予備実験などで機能的要求に影響を与える因子を見つけ、これだと思われるパラメーターを選んでデザインナビで確認するのが最良の道でしょう。

3.7　デザインナビの特長

　デザインナビの特長はいくつもありますが、もっとも重要なものは場当たり的な実験をして試行錯誤を重ねる従来の開発法に比べて、システマティックに、しかも少ない実験で複数の機能的要求を全体最適的に満たす

最良の製品を短期間に開発できることです。正確なデータを取ったわけではないですが、一般的なエンジニアの感想からしますと、最初に紹介した通り従来の試行錯誤に比べて 1/4 の期間で確実に開発できるという意見が多いです。しかも妥協しないでその基本構造が出し得る最高の性能を実現できます。

　基本構造が不完全なときは、開発途中でその基本構造は間違っていることを教えてくれるので無駄が省けます。従来は基本構造が良くないということがなかなかわからず、結局お金と時間を無駄にしてしまっていました。これを防げるだけでも開発コストの低減に大いに役立ちます。

　デザインナビは基本のアイディアが決まり基本デザインができれば、それの最高レベルのデザインを実現する作業を簡単に行える効果があります。別の言い方をすれば「具体化する開発プロセスには時間をかけないで、優れたアイディア（基本構造）を創出する方にたっぷりと時間をかけなさい」というのが筆者の主張です。

　デザインナビは複数の要求項目を全体最適化できる手法です。特別な要求項目だけに引っ張られて最適値が決められてしまうという部分最適化の方法と異なり、複数の要求項目すべてをバランス良くホリスティックに最適化できるので安心して使えます。もし欠陥のある項目があれば決して最適値は求められないという手法です。

　また各機能的要求に目標値（デザインレンジ）を設定できることもデザインナビの特長です。したがって一度直交表でデータをとっておけば、客先などの要求が変更されたり、別の要求が出されたりしても、デザインレンジを変更するだけで直ちにその要求に合った最適値が求められる特長があります。異なる顧客にそれぞれ最も適した製品を常に短時間に提供できることはデザインナビの大きな特長です。

　もし将来を予測して別の要求項目が出てくることが考えられれば、現在必要がなくてもあらかじめそのような要求項目に対するデータも併せて取っておくことをお勧めします。そうすれば新しい要求が出てきたときにわざわざ再度実験をしなくてもその項目を加えて計算し直せば瞬時に適切に対応できるのです。

　ここではかなり工学的なことを述べましたが、実験や計算さえできれ

ば、それ以外の問題にも使えます。例えば、第 6 章で紹介する商品企画も
そうですし、経営戦略、組織改革、農業改革にも使えます。医学において
は最適な治療法の確立などにも使えるのではないでしょうか。もちろん第
5 章、第 6 章で解説するフィージビリティスタディを支援する力強いツー
ルであることは言うまでもありません。

　以上のようにデザインナビは製品開発に強力な手法ですが、計算が面倒
だと感じる方もいるでしょう。そのような方のために計算ソフトが用意さ
れています。ご希望の方は以下のメールよりお申込みください。
nakazawa.hiromu@gmail.com

3.8　付録：直交表 L18

No	A	B	C	D	E	F	G	H
1	1	1	1	1	1	1	1	1
2	1	1	2	2	2	2	2	2
3	1	1	3	3	3	3	3	3
4	1	2	1	1	2	2	3	3
5	1	2	2	2	3	3	1	1
6	1	2	3	3	1	1	2	2
7	1	3	1	2	1	3	2	3
8	1	3	2	3	2	1	3	1
9	1	3	3	1	3	2	1	2
10	2	1	1	3	3	2	2	1
11	2	1	2	1	1	3	3	2
12	2	1	3	2	2	1	1	3
13	2	2	1	2	3	1	3	2
14	2	2	2	3	1	2	1	3
15	2	2	3	1	2	3	2	1
15	2	3	1	3	2	3	1	2
17	2	3	2	1	3	1	2	3
18	2	3	3	2	1	2	3	1

注：A～H はパラメーターを、そのパラメーターの 3 水準の割り付けをその下に示す。

参考文献

[1]　中沢　弘、「デザイン・ナビゲーション・メソッドによる製品開発法の研究」、日本機械
　　　学会論文集（C 編）、67 巻 658 号、2001 年 6 月

[2]　中沢　弘、『ものづくりの切り札　中沢メソッド』、日科技連、2011 年

[3]　中沢　弘、日本デザイン学会編、『デザイン科学事典』（1 章公理的設計論）、丸善出版、
　　　2019 年

[4]　田口玄一、横山巽子、『品質工学講座 4　品質設計のための実験計画法』、日本規格協会、
　　　2004 年

[5]　中沢　弘、『製品開発のための中沢メソッド』、工業調査会、2006 年

第4章　デザインナビによる開発例

　デザインナビは既に多くの企業が導入し開発の成果を挙げています。その開発例の一部をここに紹介します。本章で紹介する事例は機械系がほとんどですが、樹脂フィルム製造条件の改良であるとか、新しい電池の開発、新材料の開発などいろいろな分野で応用されています。また、油圧式エレベーターの油圧回路の改善を行って振動を抑制した乗り心地の良いエレベーターを実現した例などもあります。前にも述べましたが材料、農業、食品、医薬、商品企画など幅広い分野で使えます。本手法は未踏技術の開発にも使われました。なお以下に示す例はすべて第 1 章で紹介した情報量の概念を使っていますが、基本的には確率を用いた実現性予測法を用いても全く同じことであることをご理解ください。

4.1　射出成形機の改良

　図 4.1 に示す横型射出成形機とは、ホッパーの中にペレットというビーズ状のプラスチック材料を投入し、バレルヒーターで加熱溶融したプラスチックをノズルから金型内に溶けたプラスチックを圧入してプラスチック製品を作る機械です。この機械をどのように高性能化したかを論文 [1] から引用して解説しましょう。

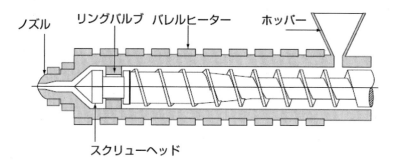

図 4.1　横型射出成形機

　この機械を改良する最大の目的は、リングバルプやスクリューヘッドの摩耗の低減でした。そこで、評価項目としてはリングバルプ内径の摩耗、リングバルプ長さ方向の摩耗、スクリューヘッドの摩耗がまず考えられます。摩耗を減らすには運転条件を下げればいくらでも摩耗は減りますが、それでは生産性が落ちてしまうので生産性を高めることも必要だということで、これも評価項目に入れました。生産性は単位時間当たりの樹脂流量で表現することができます。生産性を高めると消費電力が増えますので、これは低く抑えたい。そこで、消費電力も評価項目に入れることにしました。つまりトレードオフの機能をもれなく入れて偏った性能の機械ができてしまうのを防ぐ意味があります。

　これらのデザインレンジは理論的に値を決められればよいのですが、それができなかったので次善の策として、直交表に従って行った実験のデータの平均値を求め、その平均値より良くすることとしました。

　次に上記の評価項目にもっとも影響を与えるパラメーターを探します。ここではメーカーのエンジニアの経験と勘が頼りになりますが、最終的にリングバルプ内径（軸経は一定）、リングバルプ長さ、スクリュー回転数、バレル温度の 4 項目を選びました。したがって、直交表は一番小さいサイズの L9 が使えます（表 4.1）。

表 4.1　横型射出成形機の L9 直交表による実験計画

| No | 設計パラメータ | | | | 評価項目 | | | | |
| | | | | | 摩耗量 | | | 消費電力 | 樹脂流量 |
	リングバルプ内径	リングバルプ直径	バレル温度	スクリュー回転数	リングバルプ内径	リングバルプ長さ	スクリューヘッド摩耗		
1	A_1	B_1	C_1	D_1	E_1	F_1	G_1	H_1	I_1
2	A_1	B_2	C_2	D_2	E_2	F_2	G_2	H_2	I_2
3	A_1	B_3	C_3	D_3	E_3	F_3	G_3	H_3	I_3
4	A_2	B_1	C_2	D_3	E_4	F_4	G_4	H_4	I_4
5	A_2	B_2	C_3	D_1	E_5	F_5	G_5	H_5	I_5
6	A_2	B_3	C_1	D_2	E_6	F_6	G_6	H_6	I_6
7	A_3	B_1	C_3	D_2	E_7	F_7	G_7	H_7	I_7
8	A_3	B_2	C_1	D_3	E_8	F_8	G_8	H_8	I_8
9	A_3	B_3	C_2	D_1	E_9	F_9	G_9	H_9	I_9

表 4.1 に従って 9 種類のパラメーター値の組合せ（行方向の条件の組合せ）に従って実験を行い、五つの評価項目に対応するデータをとりました。前章でも述べましたが本来なら各パラメーターを 3 水準ずつ振っているので 3×3×3×3 = 81 通りの実験をしなければ全部の条件の組合せを実験したことになりませんが、表 4.1 の 9 通りの実験だけで十分な情報がとれることは驚きです。

樹脂材料はポリプロピレン樹脂ですが、このままでは摩耗するのに時間がかかり過ぎますので砥粒 (WA#1000) を混ぜて摩耗の加速実験をしました。樹脂と砥粒の質量比は 3：1 です。実験データからそれぞれの評価項目に対する実現確率を計算し、総乗してシステム実現確率を求める手順は前章で述べたとおりです。ここではシステムレンジを決める係数 k は 1.5 としました。

論文 [1] ではシステムレンジがマイナス側に入った場合はシステムレンジの下限値をゼロと置いてしまいました。この時点では理論が十分完成していなかったのでこのように扱ってしまいましたが、前章で述べたとおりこのような操作はもちろん間違いで、全部の範囲を採用しなければなりません。それでも以下に示すような驚くべき成果が得られました。この詳細な内容について興味のある方は拙著 [2] も参照してください。ここでは論文の内容に沿って話を進めます。

以上の実験と解析で求まったパラメーターの最適値で最終的に性能の確認実験を行った結果を表 4.2 に示します。

この結果を見るとリングバルブ内径の摩耗は従来機の 1/5 に減り、長さ方向の摩耗は約 1/2 に減り、スクリューヘッドの摩耗は半分以下に減っています。では生産性は落ちたのではないかと心配になりますが、な

表 4.2　性能の確認実験

機種	摩耗量（mm）			樹脂流量 生産性 (g/min)	消費電力 (kWh)
	リングバルブ		スクリューヘッド		
	内径	長さ	長さ		
改良機	0.001	0.148	0.247	130	15.3
従来機	0.005	0.234	0.533	54	32.3

んと生産性（樹脂流量）は 2.5 倍に上がっています。それでは消費電力も増えたのかというと、なんと消費電力は半分以下に減っているのです。このように驚くべき射出成型機に生まれ変わったのです。本開発は通常の業務の合間に実施しましたので時間がかかりましたが、それでも 4 ヵ月で終了しています。

4.2　歯科用エアグラインダーの開発

　歯科治療に使用するエアグラインダー用チャックを図 4.2 に示します。この図は改良された後の構造を示しています。国内向けにこのような製品を製造販売しているこのメーカーの旧型では、治療工具の付け替えを 2000 回から 3000 回行うとチャックの部品が壊れてしまいました。もし治療中に工具が飛び出すと非常に危険でしたから、その寿命を延ばすことが喫緊の課題でした。このメーカーではいろいろな改善を試みましたが、一つの箇所を変更すると他の箇所が壊れるという、もぐら叩きの試行錯誤を繰返して一向に改善できませんでした。

　これは基本構造が悪いのではないかと筆者は考えて図 4.2 のような新しい構造を提案しました。従来の構造は工具をぎゅっと強く握りしめる構造でした。それを図のような 4 枚の羽根で支える構造にしました。工具に負荷がかかるとチャックの羽根をこじるように回し工具がロックされます。負荷がかかるほど工具はその負荷で締め付けられ抜けません。

　一般的な開発の方法では、旧型の構造に囚われてやたらと時間とお金を浪費してしまいますが、前述したとおりデザインナビを最初から使っていれば構造の欠陥を早い段階で指摘してくれてこのような無駄を省くことができたはずです。当時はデザインナビが確立されたばかりで、メーカーは旧型の改良では成功しないことが分かりませんでした。しかし幸いに筆者の勘で方向転換して図 4.2 のような新しい構造で開発が進められ、デザインナビを用いて短時間に優れたチャックが開発されました。

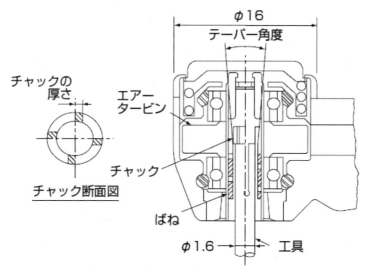

図 4.2　歯科治療用改良型エアグラインダー

　機能的要求は工具の抜けない歯科治療エアグラインダー用チャックの開発です。工具が抜けるまでの工具の付け替え回数に対するデザインレンジは、直交表に従った実験データの平均値より長いこととしました。

　この機能的要求に影響の強いパラメーターとして次の四つを選びました。

① チャックの厚さ
② コレットチャックのテーパー角度
③ チャックの焼入れ硬さ
④ ばね長さ（ばねの自然長)

　機能的要求に対応する実験方法は、工具を取り付けて、鉄板を削り、また工具を取り外すというサイクルを人手で繰り返しました。
　四つのパラメーターの水準を振って L9 の直交表に割り付け実験を行いました。そして破損までの回数に対して実現確率を求め、最適値を決めま

した。この時もまだ情報量の概念を用いていましたが、ここではそれを実現確率に変換して説明します。このときは上下システムレンジ曲線の両方とも大幅にデザインレンジから外れてしまうことはなかったので、水準点の実現確率を先に求めておいて、その3点を2次曲線で結ぶという近似計算法で最適値を求めています。前章で説明しましたが、本来ならば近似計算法ではなく詳細計算法を用いるべきですが、当時はそこまで理論が進んでいませんでしたので、このような簡易計算法を採用しました。それぞれの実現確率曲線を図4.3〜図4.6に示します。

　それぞれの実現確率が最大になる位置のパラメーター値が最適値となります。ここで注目してほしいのは、部品の焼入れ硬さです。一般に部品の

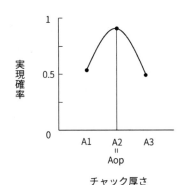

図 4.3　チャック厚さに対する実現確率曲線

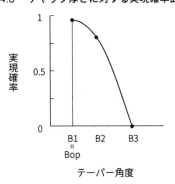

図 4.4　テーパー角度に対する実現確率曲線

105

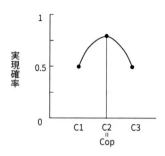

図 4.5　チャック焼き入れ硬さに対する実現確率曲線

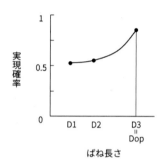

図 4.6　ばね長さに対する実現確率曲線

　焼入れ硬さは、疲労強度に影響を与える重要な因子ですが、焼入れ硬さの最適値を計算で求めることは現在の技術レベルでもほとんど不可能です。しかしデザインナビではこのように簡単に焼入れ硬さの最適値を求めてしまうのです。

　焼入れ硬さとチャック厚さの実現確率曲線を見ればかなり急なカーブになっており、パラメーターの値が最適値から少しでもずれるとすぐ性能が落ちてしまうことが読みとれます。チャック厚さと焼入れ硬さの品質管理は、このチャックの性能にとって大変重要であることがこれらのグラフからわかります。

　これらの最適値でエアグラインダーを製作し、確認実験を行った結果を表 4.3 に示します。従来機だと 2000 回で工具が破損していますが、デザ

インナビで開発した新型の製品では 34000 回でも破損しませんでした。この回数はここまで実験を繰返しましたが一向に壊れる気配がなかったので研究員が疲れてしまい、ここまでで実験を終わりにしようとして打ち切った回数であり、あとどれくらい回数が伸びるかわからないというデータです。

　当時シェア世界一のドイツメーカーの製品は 9000 回で破損しましたから、新型は世界一の性能が出たことになります。

表 4.3　開発結果

機種	結果
従来機	2,000回で工具が抜ける
デザインナビによる開発	34,000回でも工具は抜けない
シェア世界一のドイツメーカー	9,000回で工具が抜ける

4.3　ガスタービン部品の研削加工の生産性向上

　三菱重工業㈱高砂製作所ではガスタービンのタービンディスクに付いているカービックカップリング部（図 4.7）の荒研削加工の最適条件を見つけることに適用しました。タービンディスクとはタービンの外周部分にタービン翼を固定する円盤で、これを軸方向に隣のディスクとボルトで結合して、何段にも重ねてタービンローターを組み立てる目的で、側面にリング状にカービックカップリングが加工されています。カービックカップリングとは凸型と凹型の歯形が隙間なくかみ合い、トルクを伝達したり位置決めをしたりする機能をもつカップリングです。

　これを研削加工するには荒研削加工だけでローター 1 本当たり約 200 時間かかる大変な加工でした。この加工の生産性向上とコスト低減を目的にデザインナビを適用しました。

　評価項目は所定の枚数の歯を研削加工するのに要する時間、ドレス時間、1 歯目と最後の歯の研削深さの差、びびり音（感性評価）、火花（感性評価）、主軸負荷の 6 項目です。

　パラメーターとしてはドレスサイクル、初期切り込み量、パルスサイクル、砥石回転数の四つを選びました。ドレスサイクルとは加工で摩耗した

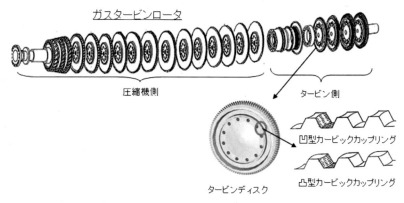

三菱重工業㈱　高砂製作所提供
図4.7　タービンディスクとカービックカプリング

砥石を整形するための作業で、ドレスを行うまでに加工する歯の数です。初期切り込み量とは、荒加工で切り込み量を少しずつ減少させながら、一定回数のステップで加工を行いますが、その1ステップ目の切り込み量を表わします。パルスサイクルは1ステップ切り込むときの時間です。回転数は砥石の1分間当たりの回転数です。

　これらの条件でL9の直交表を作成し、それに従って最適値を求めました。その最適値で確認の加工を行ったところ、ローター1本当たりの荒加工時間が、この最適加工条件で加工したとき、今までの研削所要時間よりも約47時間（分ではなくて時間です）短縮できました。これは全加工時間の36％に当たる時間短縮です。これは驚くべき生産性向上であり、同時にコスト削減にも大きく貢献しています。この他に付随した結果として高価な砥石の寿命が2.6倍に伸びたことが挙げられます。この経済効果だけでもすごいものがあります。このようにデザインナビは研究開発や設計のような上流のプロセスだけでなく、下流の製造現場での生産条件の改善にも著しい効果をもたらしてくれるのです。

4.4　コーティング工具の開発

　オーエスジー㈱では、切削工具の新コーティングの開発にデザインナビ

を応用しました。

新コーティングの機能的要求（評価項目）は以下のとおりです。

(1) 凝着が発生するまでの時間が長いこと（以下、凝着発生時間と呼ぶ）
(2) 初期の最大摩擦係数が小さいこと（以下、初期最大摩擦係数と呼ぶ）
(3) 一定時間における摩耗面積が小さいこと（以下、摩耗面積と呼ぶ）

以上の機能的要求に対するデザインレンジは次のとおりである。

(1) 凝着発生時間は 600s 以上
(2) 初期最大摩擦係数は 0.2 以下
(3) 摩耗面積は 6000μm^2 以下

このように開発目標が定量的にはっきりしていることは経営的にも理想的な開発ですね。

これらの機能的要求にもっとも影響を与えそうなパラメーターとして、

(1) コーティング電圧
(2) コーティング時間
(3) 前処理時間
(4) 前処理電圧

の 4 項目が選ばれました。これらをもとに L9 の直交表が作成され実験を行い、デザインナビによって最適値が求められました。

これらの最適条件で再度コーティングを行い、性能を確認したところ、表 4.4 の結果が得られました。現行の性能と比較すると格段に優れた性能を実現できていることは明らかです。凝着発生までの時間は 3 倍に伸び、初期の最大摩擦係数は約 30% 下がり、摩耗面積においてはなんと従来 130,000μm^2 もあったものが 0 になったという驚異的な品位を実現できました。

表 4.4　コーティングの被膜品位

評価項目	現状	新コーティング
凝着発生時間 [s]	300	900
初期最大摩擦係数	0.3	0.2
摩耗面積 [μm^2]	130,000	0

4.5　手洗いの例（作業の最適化）

　最後に、日常生活で誰もが行う手を洗う動作を例に、作業を効率化することに応用した実践例を紹介します[3]。冬場になると毎年インフルエンザの広がりが話題になり、また 2020 年には新型コロナウイルスが世界中に拡散し大変な被害をもたらしましたが、そのような感染症の予防には手洗いをしっかり行うことが大切です。しかしつい面倒になり簡単に済ませてしまうと洗い残しが多くなります。手洗いの時の手のこすり方が決まれば、それを繰り返す回数が多いほど汚れを確実に落とせるといえるでしょう。そうかといっていつも十分な時間をかけるわけにもいかないのも実情です。また汚れは見えないので、汚れが落ちたらやめるという手段がとれません。自分にとって決められた時間内に最も効率よく手を洗う方法を知りたいものです。この時間と効果との関係のように、あちらを立てればこちらが立たずといったトレードオフの問題は良くあることですので、これに類する作業の最適化への適用事例ともなります。そこで時間を決めて、その時間内にできる限り効果的な手の洗い方を対象としました。

　手のこすり方ですが、推奨される方法が厚生労働省のホームページで得られますのでそれを使用しました（図 4.8）。これを見ると、6 種類の手のこすりかたが示されていますが、それぞれを何回すればよいかは、その時の手の汚れ方や水の温度などによって適切な回数は変わるでしょう。人によって上手下手もあるでしょうから一概には決められないでしょう。所要時間はまずは 30 秒程度ということにしました。そしてこの時間内で最も効率よく全体的に良い手洗い効果が得られる回数を求めました。

　まず、パラメーターと評価項目（機能的要求）の決定ですが、パラメーターは 6 種類のこすり方のうち、①と④、⑤と⑥は同じような所をこする

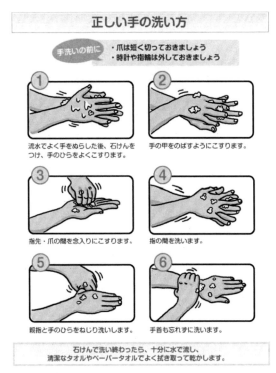

出典：https://www.mhlw.go.jp/bunya/kenkou/kekkaku-kansenshou01/dl/poster25b.pdf

図 4.8　厚生労働省　手洗いポスター

ので、同じ回数として、四つの変数にしました。6 種類それぞれをパラメーターにするのが望ましいのですが、そうすると L9 直交表で収まらなくなり、もっと多くの実験が必要な大きな直交表を使うことになってしまいます。9 回の実験が限度と考え、四つになるようにしました。

　評価項目は時間を一つの評価項目にとり、もう一つは洗った後の仕上がり具合としました。仕上がり具合といっても汚れは見えませんので、市販の手洗いチェッカーを使用しました。手洗いチェッカーは蛍光物質の入ったクリームのようなもので、紫外線を当てると蛍光物質が光ります。蛍光物質を汚れと見立ててどの程度きれいに洗えているかを確認することができます。洗えているかどうかの確認は目視でします。実際試してみると、

皮膚の組織の中にまで入ってしまったものまで 100％ 完全に取りきることは困難なので、皮膚表面に残っていなければ 2 点、ほんの一部残っていれば 1 点、明らかに残っている部分があれば 0 点としました。評価の場所は手のひら、手の甲、指の間、指先、親指の 5 か所として、合計 10 点満点として仕上がり具合を点数化しました。表 4.5 に使用したパラメーターとその実験結果を示します。

　デザインレンジの時間については平均値が 26.3 秒だったので、25 秒以下とし、仕上がりについては出来るだけ良いことと考えて平均値である 7 以上と設定しました。そうすると最適値は表 4.6 の上の段のように算出されました。ただし、第 3 列のパラメーターの③指先は最適値が 2.4 回となりました。しかし動作は整数回でしか行えませんので、2 回の時と 3 回の時の実現確率を比較することで 2 回が実現できる解となりました。表 4.6 の下の段に最適解の条件と、この条件で検証実験を行った結果を示します。

表 4.5　手洗い実験のパラメーターと実験結果

| No. | 実験条件（こする場所と回数） | | | | 実験結果 | |
	①手のひら ④指の間	②手の甲	③指先	⑤親指 ⑥手首	時間 （s）	仕上がり （点数）
1	2	2	2	2	15.88	4
2	2	4	4	4	28.64	6
3	2	6	6	6	33.05	7
4	4	2	4	6	29.95	8
5	4	4	6	2	24.54	6
6	4	6	2	4	24.77	6
7	6	2	6	4	24.08	9
8	6	4	2	6	30.53	8
9	6	6	4	2	25.75	9

表 4.6　算出された最適値と検証実験の結果

	実験条件（こする場所と回数）				実験結果	
	①手のひら ④指の間	②手の甲	③指先	⑤親指 ⑥手首	時間(s)	仕上総合 （点数）
最適値	6	2	2.4	2	-	-
検証実験	6	2	2	2	22.38	8

　この結果、時間は 22.38 秒、仕上がりは 8 となり、いずれもデザインレンジを満足する結果が得られました。つまり手のひらと指の間は 6 回、ほかの部分は 2 回ずつこすればよいということです。このように、トレードオフ関係のある複数の異なる評価項目では、どちらの評価をどの程度優先すべきか迷ってしまいますが、デザインナビではそれぞれに目標値を定めることで自動的にバランスのとれた解が得られるので便利です。

　ここでこの結果についてもう少し考察を加えたいと思います。この実験では、評価項目として時間 E_1 と仕上がり具合 E_2 の二つをとりました。それぞれの評価項目は次元が異なるので、単純な足し算で評価することができません。そのため多くの人は、重み付け和の方法を思い付くでしょう。つまり、式 (4.1) のように重み w_1, w_2 をそれぞれ与えて評価関数 f を設定するとします。

$$\text{f} = w_1 \cdot E_1 + w_2 \cdot E_2 \tag{4.1}$$

　しかし、この重みをいくつにしたらよいかわかりません。重みのバランスが異なる無数の最適値ができてしまいますので、その中から目的に近いバランスになる重みを見つけることになります。この作業は専用のソフトウエアがあれば、それぞれの重みでの結果を予測しながら最適な重みを導いたりもできますが、そうでなければ今度はバランスの良い重みを決めるための実験をまた行わなければなりません。これに対し、デザインナビでは、重みの代わりにデザインレンジとして目標値を定義します。手洗いの例では、時間について 25 秒、仕上がりに 7 点という明確な目標値を直接使用しています。最適解を導出する上では予測値を計算する必要はありません。このようにデザインナビはバランスの良い最適値を実験現場で算出し、直ぐに確認実験できるという利点があることが分かります。

2020 年では新型コロナ対策として十分な手洗いが求められています。新型コロナ対策の手洗いはいくら繰り返しても十分過ぎるということはありません。上記のデータは最低限守らなければいけない手洗い手順として理解してください。ここでは手洗いという日常的な作業に応用しましたが、この例からも予想できるように医学系の問題にも応用できます。効率良くかつ経済的に良い結果を求められるスピードの時代にはデザインナビの役目はますます高まります。

4.6　安定化電源回路の設計

デザインナビは本来複数の機能的要求が与えられたときに特に威力を発揮しますが、ここではデザインナビでも以下に詳しく説明しますがロバスト設計（ノイズやパラメーターの変動に強いシステムを設計すること）ができることを示すために、わかりやすいように一つの機能的要求だけの場合について説明します。ロバスト設計をうたっているタグチメソッドとの比較をするために文献 [4] から引用した安定化電源回路の例（図 4.9）についてデザインナビを適用して比較してみましょう。この回路の目的は、入力 DC20V を印加したとき DC10V を安定的に出力することです。図の素子常数を用いて、出力電圧は同文献に掲載の式 (4.2)～(4.5) で理論計算できます。

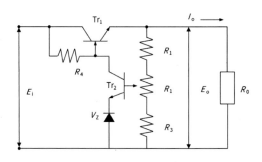

図 4.9　安定化電源回路

$$E_o = (P_2 + P_3)/P_1 \tag{4.2}$$

$$P_1 = \frac{\left(R_1 + \frac{1}{2}R_2\right)\left(1 + h_{fe1}\right) + R_4 h_{fe2}\left(1 + h_{fe1}\right) + R_4}{(R_1 + \frac{1}{2}R_2)(1 + h_{fe1})} \tag{4.3}$$

$$P_2 = E_i - V_{BE1} + \frac{(V_{BE2} + V_z)\, h_{fe2} R_4}{R_1 + \frac{1}{2}R_2} + \frac{(V_{BE2} + V_z)\, h_{fe2} R_4}{R_3 + \frac{1}{2}R_2} \tag{4.4}$$

$$P_3 = \frac{V_{BE2} R_4 + V_z R_4 + I_0 R_4 (R_1 + \frac{1}{2}R_2)}{(R_1 + \frac{1}{2}R_2)(1 + h_{fe1})} \tag{4.5}$$

これらのパラメーターのうち抵抗値 $R_1 \sim R_4$ およびトランジスタの電流増幅率 h_{fe1} と h_{fe2} の水準を直交表 L18(表 4.7) に文献と同じ表に割り付けています。表では併せて各行のパラメーター値の組合せで理論式から求められる出力、および目標値 E_O(10V) に対する出力の二乗誤差が記載されています。なお、出力を求めるとき使用電流は $0 \sim 0.8A$ の範囲で変化するとしていますが、ここでは 0.4A としました。また V_{BE1}、V_{BE2}、V_Z は文献と同じに 0.6V 一定として計算しています。

表 4.7　L18 直交表へのパラメーターの割り付けとその時の出力

No	1	R1 (kΩ)	R2 (kΩ)	R3 (kΩ)	R4 (kΩ)	hfe1	hfe2	8	出力電圧 (V)	二乗誤差
1	1	2.2	0.11	0.3	0.08	18	50	1	12.02	4.09
2	1	2.2	0.56	1.5	0.42	35	100	2	3.53	41.83
3	1	2.2	2.7	7.5	2.2	70	200	3	1.72	68.49
4	1	11	0.11	0.3	0.42	35	200	3	35.79	665.26
5	1	11	0.56	1.5	2.2	70	50	1	8.64	1.86
6	1	11	2.7	7.5	0.08	18	100	2	11.88	3.53
7	1	56	0.11	1.5	0.08	70	100	3	22.14	147.25
8	1	56	0.56	7.5	0.42	18	200	1	10.15	0.02
9	1	56	2.7	0.3	2.2	35	50	2	26.47	271.14
10	2	2.2	0.11	7.5	2.2	35	100	1	1.49	72.4
11	2	2.2	0.56	0.3	0.08	70	200	2	8.02	3.9
12	2	2.2	2.7	1.5	0.42	18	50	3	3.83	38.08
13	2	11	0.11	1.5	2.2	18	200	2	8.83	1.37
14	2	11	0.56	7.5	0.08	35	50	3	14.43	19.65
15	2	11	2.7	0.3	0.42	70	100	1	11.74	3.02
16	2	56	0.11	7.5	0.42	70	50	2	15.14	26.46
17	2	56	0.56	0.3	2.2	18	100	3	88.16	6108.63
18	2	56	2.7	1.5	0.08	35	200	1	20	100.04

115

二乗誤差を用いてデザインナビではデザインレンジを次のように与えました。

$$(E_o - 10)^2 \leqq 1$$

したがって、実際の出力に対するデザインレンジは、

$$9 \leqq E_o \leqq 11$$

となります。

文献 [4] では各パラメーターは、素子の性能のばらつきと温度変化・経時変化などから、抵抗 R_1〜R_4 は ±10%、トランジスタ電流増幅率 h_{fe1}、h_{fe2} は ±30% の変動があり、電源電圧 E_i は ±10%、仕様電流 I_O は 0〜0.8A の範囲で変動するとしており、このような変動が生じてもできるだけ 10V に近い出力が得られるように、つまりロバスト性が高くなるように素子常数の値を決める問題です。このケースをデザインナビで最適値を求めて得られるロバスト性を検証してみましょう。

これらの素子常数などの変動のすべての組合せから、最適値を求めるのは大変な手間がかかるので、タグチメソッドでは出力が小さくなる組み合わせ N1、出力が大きくなる組み合わせ N2 の 2 種類の場合だけを考えています。これを調合と呼んでいるようです。N1、N2 を生じさせる変動の組合せを表 4.8 に示します。

表 4.8　パラメーター値の変動と出力の関係

	R1	R 2	R 3	R4	hfe1	hfe2	Ei	Io
N1（出力が小）	-10%	10%	10%	10%	-30%	30%	-10%	0.8A
N2（出力が大）	10%	-10%	-10%	-10%	30%	-30%	10%	0A

デザインナビでは表 4.7 に示す標準値の直交表だけにもとづいて従来どおりの方法で計算すればロバスト性を含めた最適値が求まりますが、タグチメソッドではパラメーターの最適値を求めるとき、N1、N2 それぞれの場合に対する 2 種類の計算をしなければならないので手間は 2 倍かかります。

タグチメソッドでは SN 比（ばらつきに対する評価）と出力電圧の出力

平均値（感度に関する評価）を用いて、2 段階設計というやり方で求めています。まず要因効果図を用いて SN 比に与える影響が高いパラメーターを選定して、その SN 比が高くなる（ばらつきの小さい）水準を決めます。次に出力平均値（感度）の高い残りのパラメーターの水準を決めますが、詳しいことは文献を参照してください。そのようにして求められたロバスト性の高いパラメーターの値をデザインナビの結果と併せて表 4.9 に示します。

表 4.9　10V を安定して出力できる素子常数

	R1(kΩ)	R2(kΩ)	R3(kΩ)	R4(kΩ)	hfe1	hfe2
デザインナビ	2.2	2.7	7.5	0.08	70	50
タグチメソッド	6.8	0.56	1.5	0.08	70	200

　この結果を見ると両者でかなり値が違うことがわかります。同じ値は R_4、ほぼ同じ値は h_{fe1} です。それではこれらの最適値で回路を作成したとき出力はどうなるかというと、N1 と N2 の場合について計算した結果を表 4.10 に示します。

表 4.10　N1 と N2 の場合の出力 (V) の比較

	デザインナビ	タグチメソッド
N1（出力が小さい場合）	7.05	7.52
N2（出力が大きい場合）	13.35	13.25
出力平均	10.20	10.39

　この結果をみると、変動幅はデザインナビが 6.30V、タグチメソッドが 5.73V でほとんど同じですがデザインナビの方が少し大きくなっています。また出力電圧の振れ幅の出力平均はデザインナビのほうが目標の 10V に近づいていることがわかります。

　タグチメソッドはもともとロバスト性の高い製品を実現する目的で開発された手法ですが、この結果を見るとデザインナビもタグチメソッドに勝るとも劣らないロバスト性が得られています。しかも計算は標準値にもとづく直交表だけで求めていてもロバスト性が保証され、半分の手間で済ん

117

でいます。しかも 2 段階設計などの手間を考慮すればデザインナビはタグチメソッドに比べて格段に使いやすくなっています。

　どうしてデザインナビをそのまま用いるだけで同時にロバスト設計になっているのかといいますと、実現確率を求めるときのシステムレンジ(性能のばらつく範囲) が、他のパラメーターの水準を振る（これは他のパラメーターの規定値が変動すると見ることもできます）ことによって生じる性能のばらつく範囲を考慮することになるからです。つまり最適値を求めるということは、他のパラメーターの値に変動が生じても、その影響も考慮して、このシステムレンジができるだけデザインレンジに包含されるように全体最適的に最適値を求めているからです。

　それではデザインナビで求められた最適値で実際に出力がどうなるか（この場合の計算は表 4.9 の標準値を用います）確認してみますと 9.80V となりました。最初に設定したデザインレンジ 9V 以上 11V 以下の範囲に入っているので、まずは開発成功です。この結果を見ると、変動幅はタグチメソッドの方が小さいが、出力電圧の振れ幅の中心値はデザインナビの方がより目標値の 10V に近いことがわかります。それでも不十分なときは、最初に仮定したこの回路では目標を達成できないので、回路を再検討する必要があるということです。

　最後に水準の振り方について注意点があります。デザインナビでは、今回の偏った水準の振り方では、R4 のシステムレンジ曲線が逆転するところが出現し、補間区間のもっと良い値がもとまりません。水準の振り方を均等にすればもっと良い値が求まりますが、それでも逆転区間が出ればこの回路を見直さなければなりません。

参考文献

[1]　中沢　弘、「デザイン・ナビゲーション・メソッドによる製品開発の研究」、日本機械学会論文集（C 編）、67 巻 658 号、pp.2090-2097 (2001-6)

[2]　中沢　弘,「ものづくりの切り札　デザインナビ」、日科技連出版社、2011 年

[3]　舘野寿丈氏（明治大学理工学部専任教授）からの資料による

[4]　立林和夫、『入門タグチメソッド』、日科技連出版社、2005 年

第3部

プロジェクトの
実現性を予測する

―新フィージビリティスタディ―

第 5 章　プロジェクトの実現性予測

　プロジェクトの実現性を予測する方法を一般にはフィージビリティスタディといいます。第 5 章では一般的なフィージビリティスタディに実現性予測法を組み合わせると従来の欠点を改善し、合理的で使いやすくなることを説明します。まずは一般的なフィージビリティスタディとはどういうものかということ、また実際にどのようなプロセスで実行されるかを紹介します。フィージビリティスタディのやり方はアドホックなので対象となるプロジェクトによってすべて異なるといってもよいでしょう。それでも基本的な流れや実現性を検討する共通部分がありますのでそれを紹介します。その後で実現性予測法を導入すると、従来は最後に人の勘に頼って実現性を判断していたものが、システム実現確率という尺度で総合的にスマートに実現性を判断できることを示します。これを新しいフィージビリティスタディと呼ぶことにします。さらに提案されたプロジェクトを変更できない固定したものと考えないで、もし実現が難しいと判定されたときは実現できる確率を少しでも高めるようにプロジェクトを修正することも提案しています。今まであいまいにしていたことが実にスッキリと解決できることを理解してください。

5.1　フィージビリティスタディとは

　フィージビリティスタディの定義は第 1 章で述べましたがここに再録します。「フィージビリティスタディとは、あるプロジェクトが提案されたときに、関係するすべての分野（項目）でそのプロジェクトの実現性を検討し、そのプロジェクトが全体最適的に実現できるかどうかを予測すること、または実現するようにプロジェクトを修正すること」です。

　プロジェクトは国家的なものから企業的なものまで、フィージビリティスタディによって実現性が予測され実施するかどうかが決まります。またフィージビリティスタディによってそのプロジェクトの成否が左右されますからフィージビリティスタディの役割は重要です。したがって何らかの合理的で信頼性の高い理論的なツールがなければ困ります。しかし今まではそのような頼りになるツールがありませんでした。

　いつからフィージビリティスタディという呼称が使われだしたかは不明ですが、1960 年代のアポロ計画ではフィージビリティスタディという言葉がすでに使われていました。つまり NASA が「Apollo spacecraft feasibility study」[1] というフィージビリティスタディを行っています。General Dynamics/Convair、 General Electric、 GL Martin などの企業に、「月面に着陸して無事に乗員を地球に戻す具体的なシステム」を提案させて、その実現性のフィージビリティスタディが行われました。アポロ計画のように一般には複数の提案されたシステムがデザインされ検討されます。

　フィージビリティスタディは、対象が広すぎて体系化するのが難しく、まだ学問として確立されておらず、またそれに特化した学会も存在しません。それでも上記の定義からすると共通する要素もありますから、ある程度体系立てて理論の構築はできるはずです。本書は実現性予測法を用いてフィージビリティスタディの理論化を試みました。

　第 1 章でも説明しましたが、現在フィージビリティスタディで使われるツールは費用便益分析です。しかし本書で提案する合理的で使いやすい強力なツールは実現性予測法です。これを用いればフィージビリティスタディは生まれ変わってもっと身近なものになりますし、理論化も可能です。そのような試みで新しいフィージビリティスタディをここに提案します。

　以下にその新しいフィージビリティスタディのプロセスを説明しましょう。ここで説明するプロセスのアウトラインは大雑把ですが、次章で具体例に詳しく説明しますから安心してください。まずは新しいフィージビリティスタディのプロセスを俯瞰図的に頭に入れてください。

5.2　新しいフィージビリティスタディのプロセス

　ここでは企業でプロジェクトのフィージビリティスタディを実行する場合を想定して解説します。新しいフィージビリティスタディの基本的なプロセスは次の通りです。

　(1) プロジェクトの内容の明示と SWOT 分析

　（2）プロジェクトの機能的要求とデザインレンジの確定

　（3）プロジェクトを実現するシステムをデザインする

　（4）システムが関係するすべての分野の実現性を予測する

　（5）フィージビリティスタディの結論をまとめる

この各ステップについて順番に説明しましょう。

5.2.1　プロジェクトの内容の明示と SWOT 分析

　一般のフィージビリティスタディは（3）の「プロジェクトを実現する
システムをデザインする」ところから始まりますが、本書ではプロジェク
トの成功を左右するこの重要な最初のステップ「プロジェクトの内容の明
示と SWOT 分析」から始めます。ここに出てくる SWOT 分析とはプロ
ジェクトを確定するために外部環境としての機会 (Opportunities) と脅
威 (Threats) および内部環境としての企業のビジネスの強み (Strengths)
と弱み (Weaknesses) を網羅的に分析することで、SWOT とはこれらの
頭文字をとったものです。おって詳しく説明します。

　まず最初のステップはプロジェクトの内容を簡潔明瞭に明示することで
すが、その前に本プロジェクトの歴史的背景があればそれを最初に明記し
ます。例えば商品開発プロジェクトで、もし以前に似たようなプロジェク
トで失敗したり成功したりした歴史があれば必ず明記します。失敗の過去
を知らないでプロジェクトを進めることは失敗を繰り返すかもしれないの
で愚かなことです。

　また成功した歴史があればそれも当然明記しますが、成功体験に引っ張
られてはいけません。その成功は当時の環境条件とくに後述する SWOT
環境に強く依存していますから、過去と違う SWOT 環境のもとでもう一
度同じことが成功するとは限らないからです。逆にその時の SWOT を分
析することは参考になるでしょう。

　次にプロジェクトの内容を明確で説得力があり関係者の力を結集できる
ような文章として明示します。内容は 5 分以内に説明できて、他人を説得
でき、相手から理解と関心を引き出すことができなければなりません。プ
ロジェクトが新しく革新的であればあるほど反対勢力も出てくるでしょ

う。しかし誰もがワクワクする内容であれば反対勢力も折れてくるかもしません。良いプロジェクトが提案され実現されればその効果は計り知れないものがありますが、貧弱なプロジェクトはお金と時間の無駄です。国の施策でも同じことでしょう。国のリーダーは時としてその国を革新させ発展させ、国民が希望を持てるような、将来の豊かな国を目指す大胆なプロジェクトを国民に示し実現させる責任があります。

　コリンズとポラスの『ビジョナリーカンパニー』[2] からボーイングのプロジェクトの成功例を参考にこの最初のステップを考えてみましょう。1952 年にボーイングは民間航空会社向けの大型ジェット旅客機を開発する決断をしました。当時ボーイングの実績は B-17、B-29、B-52 などの軍用爆撃機が主力で、売上高の 8 割は空軍というたった一つの顧客にたよっていました。ボーイングは第二次大戦が終わった直後、戦争特需が消えてしまい 51000 人いた従業員を 7500 人にまで減らした苦しいレイオフの記憶も消えていませんでした。その上、ジェット旅客機のプロトタイプを開発するには、過去 5 年間の税引き後の利益の平均で 3 年分の資金をつぎ込まなければならないので、失敗が許されない危険で大胆な決断が求められていたのです。

　この状況でボーイングの経営陣は危険を承知で賭けに出ました。民間航空機市場で大手になるという大胆なプロジェクトの大目標を掲げ、ジェット旅客機の開発にかけたのです。そしてジェット旅客機時代の幕開けになったのがボーイング 707 です。このような危険を冒した、ぞっとするような大胆なプロジェクトを実行するという決断をしたときのフィージビリティスタディの内容は不明ですが、上記の文献の少ない情報からボーイングのフィージビリティスタディの進め方を推測してみましょう。

　プロジェクトの内容を決めたり合理性を判断したりするには、最初はSWOT 分析から入ります。SWOT 分析では、第 6 章でも詳しく解説しますが、プロジェクトが外部環境の機会をうまく捕まえているか、脅威に対して対応ができているかを見ます。次に内部環境の視点からこのプロジェクトを実行するとき競争相手よりも優れている社内の強みを利用できるか、競争相手に対する弱みが障害にならないかなどを検討します。

　ここで一つ注意しなければいけないことは、そのプロジェクトを実施す

表 5.1　ボーイングの SWOT 分析（推測）

外部環境	機会(Opportunities)	脅威(Threats)
	・ジェット旅客機を考えているのはわが社だけ	・なし
内部環境	自社の強み(Strengths)	自社の弱み(Weaknesses)
	・大型の爆撃機の製造経験がある ・技術陣に民間航空会社向けに大型ジェット機を設計するアイディアがある	・実績の4/5は空軍であった ・レイオフで人材を7,500人まで減らした ・多大な開発資金が必要になる

るときに、自社にコアコンピタンス（競争相手より圧倒的に優れた技術など）がないからといって逃げてはいけません。必要な技術を新たに開発することこそ大切なのです。そうすることによって会社はさらに強くなり発展します。

　前述の文献の情報からボーイングの場合の SWOT 分析をしてみると表5.1 のようになるでしょう。この分析から「ジェット旅客機を開発して民間航空機市場で大手になる」というプロジェクトを進めても大丈夫かどうかという最初のステップを突破できたのではないでしょうか。

　商品開発プロジェクトのテーマを決める入り口は一般に「ビジョン」、「シーズ」、「ニーズ」および「現システムの改善」の四つが考えられますが（これも第6章に詳しく説明します）、ボーイングの場合ジェットエンジンはすでに生産していましたのでシーズではありません。上記の分析では一般の航空会社はジェット旅客機の必要性を認識していませんでしたから市場にはニーズがあったわけでもありません。ボーイングはジェット旅客機を製造していたわけではないので現システムの改善というわけでもありません。つまりこのプロジェクトは経営者のビジョンから出てきたことがわかります。プロジェクトをビジョンから始めることはとても重要です。残念ながらボーイングのこれ以上のフィージビリティスタディの進め方は分かりません。

　最初のステップをまとめますと、プロジェクトのテーマが出されたらその内容を文章で明示します。プロジェクトのタイトルは単純明快で響きが良く、それだけで人はある程度の内容がイメージできるのが望ましいです。このテーマのプロジェクトが現実問題として次のステップに進められるかどうかを SWOT 分析で分析し結論を出します。この分析で行けると

なったら次のステップに進みます。

5.2.2　プロジェクトの機能的要求とデザインレンジの確定

　プロジェクトのテーマが固まったところでこのプロジェクトを先に進めるためには具体的なシステムをデザインするために必要となるプロジェクトの機能的要求とデザインレンジを決めなければなりません。このステップについても上記の文献にボーイングの別の事例が載っていますのでそれを参考に説明しましょう。

　ボーイング707の開発成功後1960年初めに、同社が別の新しいジェット旅客機を開発するというプロジェクトを立ち上げたときの話です。このジェット旅客機はボーイング727ですが、経営陣は顧客になり得る航空会社であるイースタン航空の要求から機能的要求とデザインレンジを決めました。明快で、具体的で、しかも一見すると不可能に近いような機能的要求とデザインレンジを技術陣に与えています。ニューヨークのラガーディア空港の4—22滑走路（この滑走路は長さが僅か1480mと、当時のジェット旅客機の常識ではまったく短すぎました）で離着陸できて、ニューヨークからマイアミまでノンストップで飛べて、胴体は横6列の座席が入るほど幅広く、131人乗りで、安全性についてはボーイングの高い基準を満たしているジェット旅客機を設計するというものでありました。この機能的要求とデザインレンジが与えられると次のステップで具体的な新しいジェット旅客機（つまりプロジェクトを実現するシステム）がデザインされます。

5.2.3　プロジェクトを実現するシステムをデザインする

　プロジェクトに合った具体的なシステムを複数デザインします。実際の設計は概念設計から細部の部品設計まで何段階にも分かれますが、フィージビリティスタディの段階では大枠で概念的なデザインで終わります。このデザインに対して実現性が検討されます。

　ここで大事なことは（1）で明示されたプロジェクトの出てきた背景（SWOT分析も含みます）にとらわれて対症療法的なデザインをしてはいけません。従来的なデザインでお茶を濁してはいけません。斬新な発想が

求められます。どうするかというと第 7 章で紹介する「メタコンセプト発想法」が役に立つかもしれません。メタコンセプト発想法ではまず「その問題が解決されないと何が困るか」と考えます。「その困ることを解決することが発想の出発点でありテーマになります。この上位のテーマから具体的な発想をします」。例えば横 6 列の座席が解決されないと何が困るかと考えると、131 人の乗客を収容できないという問題が出てきます。それでは「131 人の乗客がゆとりをもって乗れる構造が必要だ」という上位の概念からもう一度発想し直すともっと良いジェット旅客機がデザインできるかもしれません。このテーマをもとに大所高所から多くのアイディアをみつけ、それらを数個のアイディアにまとめてデザインします。

5.2.4　システムが関係するすべての分野の実現性を予測する

　次にデザインされたシステムが運用される際に関係するすべての分野で運用上問題がないかどうか、機能的要求の実現性があるかどうか、実現性予測法を用いて調べます。つまり関連する分野で機能的要求が実現可能かどうか実現確率を用いて検討されます。関連分野を見つけるためにはプロジェクトのメンバー全員でブレーンストーミングしてそれらを KJ 法 [3] でまとめます。こうした網羅的に見つける作業が必要になります。

　関連分野が決まったらその分野の実現確率を計算するのにシステムレンジを求めなければなりません。そのために必要なデータを集めます。ここまでの準備がととのえばすべての関連分野においてシステムの実現確率が求まります。このプロセスは従来のフィージビリティスタディとは違います。本書が提案する新しいフィージビリティスタディでは使いにくい費用便益分析の代わりにシステム実現確率を求めてプロジェクトの実現性を判定します。

　システムレンジを求めるためにより詳しいデータが必要ならば、大規模のプロジェクトでないかぎり、また予算と時間が許す限りこのシステムのプロトタイプを作ります。プロトタイプが存在するかどうかで実現性の予測の精度がまるっきり変わってしまいます。プロトタイプを作るのが無理だとしても少なくともモックアップくらいは作る必要があるでしょう。「急がば回れ」はフィージビリティスタディにおいても真理です。

　プロトタイプを作るのに時間がかかってはどうしようもありません。そこで活躍するのが第 3 章で解説したデザインナビです。デザインナビを用いれば短時間で最良のプロトタイプを作ることができるからです。

5.2.5　フィージビリティスタディの結論をまとめる

　関連するすべての分野の実現確率が求まったら、それらを総合してシステム全体の実現性を判定するシステム実現確率を求めます。システム実現性はプロジェクトのすべての機能的要求を、すべての関連する分野に対して総合的に満足できるかどうかという実現性を一つの確率値で表しますから、そのプロジェクトの実現性確率が高いと確認されればフィージビリティスタディは終了して実際の開発に入ります。ここが本書で紹介する新しいフィージビリティスタディの長所です。◎や○や△で表を作って人が勘で判定したり、なんでもかんでも無理やりにお金に換算して判定したりする費用便益分析などとも違い、簡潔明瞭な一つの確率の値を尺度として総合的な実現性を判定できる新しいフィージビリティスタディは使いやすく強力です。次章のケーススタディでもその有効性が理解できます。

　システム実現確率が求められたとして、その確率が 0.5 以上であれば第 2 章で説明した通り実行に移せます。もしシステム実現確率が 0.5 より低く出た場合はどの分野で実現確率が低いか分かりますから、システム実現確率が 0.5 以上になるようにシステムをデザインし直します。もし 0.5 以上を実現できればそのプロジェクトはゴーです。しかしそれでも改善できなければそのプロジェクトは本質的に意味がないということを結論付けますから残念ながら中止せざるを得ません。

　ここで注目してほしいのは本書で提案する実現性予測法はすべての関連分野での実現性を総合的に予測できるということです。繰り返しますがプロジェクトの実現性を一つの確率値で表現できるのです。関連分野の間で互いにトレードオフがあっても総合的に評価できます。

　繰り返しになりますが実現性予測法は異なる分野、異なるディメンションの評価項目（機能的要求）の実現性を確率という無次元の量で同じ土俵上で対等に比較・統合できます。しかも公理によってすべての評価項目をシステム実現確率という一つの数字で総合的に複数のシステム案同士を比

127

較検討できます。したがってこの尺度をもちいて実現性を絶対的に評価できますし、複数のシステムを相対的に比較して最良のものを選定することもできます。このシステム実現確率がシステムの実際の実現性を絶対的に評価できるということは、このプロジェクトが実際にどれくらいの確率で実現できるかということを客観的に判定できるということです。

　ここでこのシステム実現確率 0.5 の意味をもう少し考えてみましょう。確率 0.5 ということはコインのトスでいうと必ず表と裏のどちらかが出るという確率と同じです。つまり、トスしたときプロジェクトが成功するという面とプロジェクトが失敗するという面のどちらかが必ず出るということです。そうであれば成功する面が出るように細工すれば必ず成功するはずです。ではその細工はどうしたらよいかというと、リーダーの「正しいリーダーシップ」と「必ず成功させるという情熱を持った誠実なメンバーからなる実行組織」なのです。しかもメンバーに情熱を持たせるのはリーダーのリーダーシップですから、結局は「リーダーシップ論と組織論」が重要だということになります。これはコインに必ずプロジェクトは成功するという面が出るように細工することを意味します。そうすればそのプロジェクトは実現確率が 0.5 でも必ず偏って成功するという面が出る（極論すると実現確率が 1 になる）ことになります。

　以上のプロセスをさらに理解してもらうために次章に具体例でプロセスを説明します。

5.3　プロジェクトの実現性を検討する分野

　前述したとおりまずプロジェクトが提案されたらそれを実現するための具体的なシステムをデザインします。そのシステムを運用するには関係する分野が複数存在します。例えばプロジェクトが商品開発であればその商品が関係するマーケットでどれぐらいのシェアが獲得できるか（例えばこの確率を P1 とします）、このシステムの大事な性能が実現できるか (P2)、環境問題をクリアできるか (P3) などなどです。実際には検討項目は多数あります。しかし、ここでは極端に単純化して説明します。これらのデータがそろえば統合してプロジェクトが総合的に実施可能かどうかを判定できるシステム実現確率 P_S が求まります。プロジェクトのシステム実現確

率 P_S は P1×P2×P3 として単一な数値として求まります。この P_S の値を見てプロジェクトを実施するか、修正して実施するか、もしくはあきらめて中止するかが決まります。新しいフィージビリティスタディのやり方は意外に簡単だということがお分かりいただけたと思います。

　それではフィージビリティスタディを始めるにあたってシステムの運用に関係する分野を考えてみましょう。プロジェクトによって検討する分野は異なり、多数にのぼりますのですべてをカバーして論ずることはできませんが、ここでは一般的に共通する分野だけを取り上げてその実現性の考え方を以下に説明します。

技術の実現性

　システムの技術的性能は他の分野の実現性にもっとも影響する分野です。まずプロジェクト実施者がプロジェクトを具体的に実現できるシステムをデザインします。ここでデザインされたシステムはソフトウエア、ハードウエア、組織など幅広いものを含みますから機能的要求はかなりの数にのぼります。それぞれの機能的要求の実現確率を求めてすべてを掛け合わせて技術の実現性の実現確率が求まります。例えば第 2 章で例示した自動車の性能表などがこれに相当します。

　実現確率の求め方を簡単に説明します。とても強引な説明の流れですが、フィージビリティスタディの全体を把握する上では効果的なのであえてそうします。このシステムのある性能、例えば重量を 20 kg以下に抑えたいという機能的要求があったとします。デザインをしますがコストや他の機能的要求を考えてパラメーターを変えてみたところ、どうしても 17、18、19 kgになってしまったとします。初期デザインの段階の見積もりは細部が分かっていない場合が多いので最終的にはもっと増える可能性があります。そこで安全率を 1.1 として、もし 19 kgのデザインが採用されたとき 20.9 kgになる可能性がありますから重量のばらつく最大の範囲は [17,20.9] となります。この関係を図 5.1 に示します。ここでも一様確率密度分布と仮定しています。この図から重量の実現確率 P は以下のように求まります。

$$P = (20 - 17)/(20.9 - 17) = 0.77$$

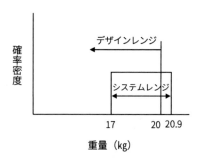

図 5.1　重量のシステムレンジとデザインレンジ

技術の実現性の一つの項目の確率は 0.77 となります。他の項目も同様に
求まりそれらをすべて掛け合わせて技術の実現性の確率が求まります。

公共的経済性の実現性

　このプロジェクトが実現した時の公共的な費用と便益を検討します。一
般には費用便益分析の手法を用いますがここではそれぞれ独立に実現確率
を求めます。費用には開発費用と運用費用などがありますが目標値以下の
コストに抑えられるかという実現性確率を求めます。便益に関しては投資
した時点からどれぐらいの日時で利益が出るかという点も考慮して、目標
値以上の利益が得られる実現確率を求めます。それらを統合して公共的経
済性の実現確率が求まります。

法律上の実現性

　これは読んで字のごとくです。関連する法規をクリアできるかを検討し
ます。これは外部的拘束条件ですが、それをクリアすれば問題ありません
から、とくに実現確率を求めることもありませんが、政治情勢などがから
んで法律が変動する可能性がある場合はその確率を求めなければなりま
せん。

　この実現性では製造する製品そのものに対する規制だけでなく、製造に
ともなう廃棄物処理、製造する場所、倉庫の設置場所、オフィスの場所な
ども規制の対象になる可能性があることに注意しなければなりません。

運用の実現性

　プロジェクトが問題としている運用上の課題をどれだけデザインされたシステムが解決できるかが検討されます。この分野は技術の実現性と混同しやすいので注意が必要です。例えば使いやすい調理器を製品化したとします。使いやすさが技術の実現性で、その調理器を使う（運用する）ことにより料理生活がどれぐらい楽しくなるか、健康増進にどれぐらい貢献するか、廃棄する時の費用はどうなるかなどなどが運用の実現性になるでしょう。プロジェクトでデザインされたシステムの運用の機能的要求に対する特性のばらつく範囲つまりシステムレンジが、プロジェクト運用の目標つまりデザインレンジをどの程度満たせるかが検討対象となります。ここでは性能だけでなく運用のしやすさ、システムの信頼性、保守性、耐久性、廃棄しやすさなどが問題になります。

資源の実現性

　システムの機能的要求とデザインレンジが決まると、それらを実現するのに必要なソフトウエア、設備、人材、専門家らなどの資源が準備できているか、準備できるかを考慮して資源の実現性を示す実現確率を求めます。必要とされる不動産や設備や人材の調達だけでなく、現在実施されているビジネスとどれぐらい干渉するかということも確率的に問題になります。

時間の実現性

　以上の実現性予測はそれほど難しくありませんが、時間（納期など）の実現性や以下に説明する項目は未来予測の要素が入ってきますので予測がかなり難しくなります。

　実現する時間には開発時間と実際に運用できるまでの時間が必要です。どれぐらい予定通りに実現するかという日程の実現確率を検討します。ほかの実現性の検討も同じですが、最良の外部条件だけでなく最悪の外部条件の場合も考えておかなければなりません。この両者から時間のシステムレンジが決まります。もしこの検討の結果最初に設定されたプロジェクト完成の予定が妥当でない場合はここで日程を変更する必要性が発生するか

もしれません。

マーケティングの実現性

　製品を開発し販売するプロジェクトであればマーケティングの実現性を求めなければなりません。その場合マーケティングセグメントのサイズ、マーケットに投入する最適な時期、マーケットの持続性、販売価格と販売高、サービス体制やプロモーション、マーケットサイズの拡張性、流通システムや想定する販売地域などと検討する課題はたくさんあります。

　そこで、不確実問題を考える場合に「ミーシー (MECE) 的」に考えることがお勧めです。ミーシーとは「Mutually Exclusive Collectively Exhaustive」の頭文字をとったもので「互いに、モレがなく、全体的に、ダブりがない」という意味です。つまり「漏れなくダブりなく」考えることです。戦略コンサルティング会社のマッキンゼー・アンド・カンパニー[4] でコンサルタントが検討対象を構造的に把握するために使う基本テクニックです。

　漏れなくダブりなく考えることは、単なる思いつきだけで行動するときの失敗を防げるだけでなく、自分の思考を大所高所から組み立てて、発想に抜け落ちが生じることを防ぐことができるし、人に説明するときにも聞く相手に安心感を与えて説得力が出ます。別の見方をすると、ミーシーはある思考対象を場合分けして考えることともいうことができます。

　マーケティング問題をミーシー的に場合分けすると、例えば 3C という考え方があります。3C とは顧客 (Customer)、競合 (Competitor)、自社 (Company) の C です。まずどういう顧客を相手にするかを考えます。その顧客の何割ぐらいに購入してもらうかという目標を立ててその実現性を予測します。

　次に競合する相手を想定します。その相手に対してどれぐらいシェアを獲得できるかという目標に対する実現性も予測します。

　最後に自社の戦略を考えます。どういう販売方法をとるのか、どのようなプロモーションを計画するのか、営業力をどのように高めるのかなどなどです。これらの計画がどの程度実現するかを予測します。長期の展望を検討するのであれば、顧客のニーズ、嗜好、購買能力などの変動を予測し

なければならないでしょう。

　もう一つの場合分けの方法に、1961 年にアメリカのマーケティング学者、ジェローム・マッカーシーが提唱した製品 (Product)、価格 (Price)、プロモーション (Promotion)、流通 (Place) からなる 4P という場合分けのしかたもありますが、これらについても上記と同じように実現性の予測をします。これらを総合的に検討してはじめてマーケティングの実現性が評価されます。ただし現代は以上のような伝統的なマーケティングだけでは不十分であり、デジタル・マーケティングを含めて考えなければいけないとフィリップ・コトラーは主張しています。この点に関しては文献 [5] を参照してください。

財政上の実現性

　財政上の実現性も大変重要です。このプロジェクトによってどれぐらい儲かるかということを検討します。製品開発のプロジェクトであれば当然上記のマーケティングとも関連してきます。いろいろな評価のスケールがあると思いますが、例えばこのプロジェクトで将来どのぐらいのキャッシュフローが稼げるか、そのキャッシュフローはどれぐらい続くかを予測するのも一つの方法でしょう。その他に IRR、返済の確実性、回収期間の確認、自己資本成長率などなどです。詳しいことは専門書に譲りますが、これらの設定した目標値をどの程度満たせるか、どれぐらいずれる可能性があるか、景気変動はどうなるか、厳しく見積もる場合には突発的な紛争や政変や疫病のパンデミックなども含めて振れ幅を予測することになるでしょう。

社会的実現性

　社会的貢献に対する実現性です。貢献できるかどうかだけではなく環境問題で害を及ぼさないかという負の面も問題になります。さらに地域の雇用に対する貢献度なども検討項目に含まれます。

SDGs の実現性

　「SDGs」とは、2015 年 9 月の国連サミットで 150 を超える加盟国首脳

の参加のもと、全会一致で採択された「持続可能な開発目標 (Sustainable Development Goals)」のことです。貧困や飢餓、環境問題、経済成長など、すべての国の社会的課題を対象とした 17 のゴールと 169 のターゲットで構成され、誰一人取り残さないことを強調し、2030 年の達成を目標としています。

　さらに持続可能な消費と生産、天然資源の持続可能な管理といった地球環境保護、平和であり続けることなどすべての人々が協力し合うことなどを含みます。

　これらの情報はそのプロジェクトに対する投資家の関心を引く可能性は大いにありえます。なぜなら機関投資家（大規模な投資を行う企業・金融機関などの投資家）側からすれば、国連は投資をする際に、ESG つまり環境 (Environment)、社会 (Social)、ガバナンス (Governance) の課題を重視する責任があるということを提言しているからです。これからは、投資家はプロジェクトへの投資をする際にその会社の財務情報だけを見るのではなく、環境や社会への責任を果たしているかどうかを重視するようになるでしょう。

　2020 年には政府が 2050 年にカーボンニュートラル実現の目標を掲げたのでこの目標に対する実現性の検討も必要になるかもしれません。

　こうして見てくると検討する分野のあまりにも広いことに腰が引けてしまうかもしれません。またこれだけ検討しても予期しない問題が運用時に発生するかもしれません。だからといって検討しないわけにもいきません。こつこつと地道に進めるしかありません。

5.4　未来予測

　上の説明からも明らかなとおり分野によっては当然未来予測が関係してきます。未来は予測できないと割り切ってしまう考え方もありますが、フィージビリティスタディではそういうわけにもいきません。そこで未来予測の精度を少しでも高める考え方を次に紹介します。

　上記の各分野でそれぞれの項目に対して特性値のばらつく範囲つまりシステムレンジを求めなければなりません。しかもこの特性値のばらつく範囲は現在の値ではなくシステムが運用される、または使用される未来の時

点での値が必要になります。つまり未来の値が必要になるので実現性はすべて未来予測の専門分野の知識が必要になります。

　現代は変化や進歩が速いので未来予測はとても困難な時代です。また新型コロナのパンデミックのように全く予期しない出来事が発生することも想定しなければならないとすると、未来を予測することは困難以外の何物でもないでしょう。

　例えば農耕牧畜社会は数万年、封建社会は数千年、近代社会は 300 年以上続いていますからこれまでは変化が遅く、以前でしたら数年先どころか数十年先もある程度予測可能でした。しかし現代はコンピューターを例にとって説明しますと、あの真空管式のコンピューター ENIAC が出現したのが 1946 年でした。つい最近です。IC チップが内蔵されている iPhone が世界的に発売されたのが 2007 年ですからその間わずか 61 年しか経っていません。インターネットが文化や商業に大きな影響を与え始めた 1990 年代なかばから僅か 30 年で AI が実際に使われ、2020 年には世界最速のスーパーコンピューター富岳ができ、2021 年にはデジタル庁の創設が検討されている時代になったのです。この変化のスピードのなかで数年先を予測するのはまず不可能といってもよいかもしれません。それでも何とか未来を予測するために以下の考え方を参考にしてください。

5.4.1　パターンで未来を予測

　一つの考え方を佐藤航陽の『未来に先回りする思考法』[6] をベースにして筆者なりの考えでまとめ直した予測法をここに提案します。未来予測は次の四つの未来発現パターンを認識するところから入ります。このパターンを認識できればかなり高い確率で未来が予測できると考えます。

① 「必要性」がテクノロジーのイノベーションを起こす
② 進化の流れは「線」である
③ 集中から「分散」
④ 必要性の高いテクノロジーはエントロピー増大の法則で「拡散」する

① 「必要性」がテクノロジーのイノベーションを起こす

人間の肉体的能力を拡張する必要性からジェームス・ワットにより蒸気機関が発明され、人間はつらい肉体労働から解放されました。一方電磁誘導の原理がファラデーによって発見されてから発電機やモーターが発明されてやはり人間の肉体能力が拡張されました。蒸気よりも扱いやすいエネルギーの必要性を満たす電気が発展し普及したのです。

より速い移動手段として自動車が発明され、鉄道が発明され、航空機が発明され、その早く移動したいという必要性で新幹線が発明されました。このようにテクノロジーのイノベーションは「必要性」から発祥します。

テクノロジーの分野だけでなく、物々交換の不便さを解消する必要性から貨幣が発明されました。病気から人間を守るために医学が発達し、社会の中で個人の生命財産を守るために法律ができました。つまり未来予測では必要性を見つけることが重要なカギになります。

② 進化の流れは「線」である

別な視点から技術の発展の歴史を見てみましょう。ENIAC(1946) が開発されたあと 1976 年にスティーブ・ジョブズがガレージで製造した Apple I が発売されました。その後パソコンが普及し 1990 年代にはインターネットが文化や商業に大きな影響を与え始めました。携帯電話が進化してコンピューターが内蔵されたスマホに代わってから誰もが手軽にインターネットから情報を得られるようになりました。同時に物にセンサー機能をもつマイクロチップが埋め込まれて IoT として物がインターネットにつながり、そこから膨大なデータがクラウドに集められるようになった一方、AI が進化し 2020 年代には AI がパターン認識できるようになると、その膨大なデータをうまく使いこなせるようになり新しい産業が出てきたように見えます。

つまり大雑把にとらえると、コンピューター、パソコン、インターネット、スマホ、IoT、クラウド、AI という一本の線に乗った「進化の流れ」が見えてきます。今後は AI がどのような変貌を遂げるかによって社会は激変するのではないでしょうか。別の見方をすると AI を使えば未来予測の精度が上がるのではないでしょか。他の分野でも同じです。例えばバイ

オの分野でもそうでしょうし、環境問題の分野でもキーになる概念に乗った進化の流れが見えるはずです。この流れを捕まえればその分野での未来予測がある程度の確率で可能になるでしょう。

③ 集中から「分散」

　技術の発展でも社会の変化でも集中大規模なシステムから分散型システムに変化していく現象は頻繁に起こります。例えば技術分野においてはコンピューターの進化は前述のように線としてとらえることもできますが、その本質を見ると集中から分散の原理に従っていることがうかがえます。集中から分散という流れでもう一度コンピューターの進化を見てみると、1964年に市場に出されて大成功を収めたIBM System/360は典型的な集中型のコンピューターでありました。当時は計算する人がパンチで穴をあけられたプログラムカードを計算順序にしたがって段ボール箱に入れて所属する企業や大学のコンピューターセンターに持参し、翌日ぐらいに結果をもらいに行くというやり方でした。箱を落としてカードをばらまいてしまうと大変です。カードを正しい順序に揃えるのが大変でした。それが小型化して自分で計算処理することができる高価でしかも使いにくい卓上型のミニコンピューターが企業や大学の各セクションに1台ずつ置かれるようになりました。

　その後計算スピードの向上、記憶容量の増大、小型化・低価格化が進みマイクロプロッセッサが発明されて卓上型がマイクロコンピューターになり、普及して多くの人が自分のコンピューターを扱えるようになりました。さらにマイクロプロセッサが進化するといわゆるパーソナルコンピューター（パソコン）やノートパソコンが市販されるようになり個人が安く簡単にパソコンを所有できるようになりコンピューターが分散しました。現代のさらなる分散化の形態はスマホでありウエアラブルなスマートウオッチです。このように技術に関係する事象では集中型から分散型の流れが実に顕著です。

　社会現象で言えば商品販売システムがあげられます。以前は自分の好みに合った買い物をするときは品数豊富なデパートが主流でした。デパートに商品が集中していました。そこに品物は豊富で手ごろな値段で購入でき

るスーパーマーケットが登場し、日用品の購入に便利な分散した商店としてのコンビニが普及し、生活がとても便利になりました。日用品までもネットで購入できるようになり、生活様式がガラッと変わってしましました。店に出かけて行かなくても店よりも商品の種類が圧倒的に多く、安く、入手は早い時には翌日には手に入り、送料もかからないで自宅で購入できるネット上の分散型の商品販売システムは、パソコンやスマホの普及と相まって生活が劇的に便利になりました。

　おそらくエネルギーという視点でもこの変化が起きる可能性があります。現在は電力会社が電気を供給していますが、将来はもっと高効率低価格の太陽光発電が実現すると高性能で低価格の進歩したバッテリーとの組み合わせで、電気の使用が分散型に変わっていくのではないでしょうか。

④ 必要性の高いテクノロジーはエントロピー増大の法則で「拡散」する

　拘束の強くないテクノロジーは必要性が高いと急速に拡散します。必要性が高くても大きな設備投資という拘束条件があると急速には普及しません。例えばアフリカの水道だとか電力供給網などです。しかし拘束条件が弱く必要性が高いテクノロジーはエントロピー増大の法則に従ってランダムに運動する原子のように混とんとした状態に拡散していきます。あたかもコーヒーにミルクを入れるとミルクが最初は秩序だった模様を描いていたものが、時間が経つに従って模様は消え混ざり合って簡単には分離できない状態に拡散します。スマホやインターネットが世界の隅々に拡散していったのは良い例です。

　上記のいずれかのパターンが見つかればそのパターンに則ってシステムレンジをある程度正確に予測できるでしょう。

5.4.2　予測不可能な不確実事象の問題

　では上記のパターンに合わない予測不可能な不確実な事象が発生した時はどうしたらよいでしょう。地震や洪水や火山の噴火などの自然災害や新型ウイルスのパンデミックなどです。その場合の筆者の考え方を以下に示します。例えば 3 年後のマーケットサイズを予測します。好調に行けば年間 1 万セットの売り上げが予測され、デザインレンジは 6000 セット以

上売り上げたいとします。もし売り上げに影響する不測の事態がいくつか考えられる時、それぞれの事態で売り上げが激減することが考えられます。その中で最も影響を受ける事象の場合に売り上げが 6 割激減すると仮定します。それでもこのような事態が 3 年以内に発生する確率は 10 ％だとしたら、この確率をどのように組み込んだらよいでしょうか。

　ここでは単純に考えることにします。予測不可能な不確実事象が起きなかったときでも経済情勢の悪化などで最悪 5500 セットに落ちることが予測されたとします。また不確実事象が 10 ％の確率で不幸にして起こったとすると 4000 セットまで落ち込むと予測されたとします。そこで図 5.2 に示すように 4000 から 5500 までの一様確率密度分布の面積（ハッチングの部分）が全体の 10 ％になると考えると、実現確率 P はデザインレンジの右側の面積で求まりますから、

$$P = 0.9 \times (10000 - 6000)/(10000 - 5500) = 0.8$$

となります。かなり乱暴ですが未来予測ですからこれぐらいで許してもらいましょう。

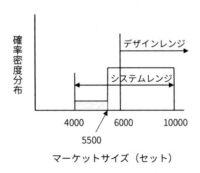

図 5.2　　3 年後のマーケットサイズ

5.4.3　ロジカル・シンキング

　一方未来予測問題をキース・ヴァン・デル・ハイデン[7] は図 5.3 のように分類しました。一つは予知できる場合、もう一つは予知不可能の場合

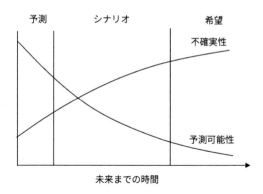

図 5.3　予測可能性と不確実性の関係

です。理論的にはどんなに近未来の問題であっても外れる確立はゼロではないので予測には危険性が必ず伴います。

　ある程度の予測が可能な領域ではそれなりに予測すればいいのですが、時間が遠くなるほど不確実性が高まり、予測可能性は下がってきます。予測可能な領域より先はいくつかのシナリオを書いて対処することをハイデンは提案しています [7]。

　シナリオを描くにはロジカル・シンキングを使います。これは社内を説得する上では強力なツールですが、未来予測では意外と無力です。ビジネス書によるとロジカル・シンキングとは「物事を体系的にとらえて全体像を把握し、内容を論理的にまとめて的確に伝える技術」 [4] です。しかし人間がものごとを体系的にとらえて全体像を（世界的に競争相手の行動をリアルタイムで）把握することは不可能です。

　「ラプラスの悪魔」という言葉があります。世界に存在する全物質の位置と運動量を同時に知ることができるような知性が存在すると仮定すれば、その存在は、古典物理学を用いれば、これらの原子の時間的展開を計算することができるだろうから、先の世界がどのようになるかを完全に知ることができるだろうという意味です。別の言い方をすれば情報をすべて手に入れられれば未来が確実に予測できるというものです。しかし残念ながら 20 世紀になって発達した量子力学によれば、原子の位置と運動量

を同時に知ることは原理的に不可能であることが証明されてしまいました。つまり未来予測はロジカル・シンキングでは予測できないということです。

　もう一つの壁はロジカル・シンキングする意思決定者がその結論を正当に理解できるかという「リテラシー」の問題です。新幹線プロジェクトでも黒四ダムプロジェクトでも当時はそんなことは無理だ、無用の長物だと言われていましたが実際には実現してしまいました。しかも多大な利益を生み出しています。つまり意思決定者が多くの人と同じ低いリテラシーしか持ち合わせていないと未来の予測を間違えて判断してしまいます。現時点で「できなさそうに思えること」は「本当にできないこと」ではありません。意思決定者のリテラシー能力はプロジェクトの実現性予測でとても重要な役割を担っています。

5.4.4　プロジェクト実施のタイミング

　パターンが見つかったとして、もう一つ注意しなければいけないことがあります。そのプロジェクトを立ち上げるタイミングです。早すぎては社会に受け入れられません。遅過ぎたら競争相手がいる場合には相手に抜かれてしまいます。人々の持つ価値観が切り替わるタイミング、そのプロジェクトの利便性が人々の固定観念を打ち砕くタイミングを見つけなければいけません。この問題も将来的には AI が解決してくれるかもしれません。

　逆にプロジェクトが動き出すとそのプロジェクトの重要性が人々に認識されて人々の意識が変わる可能性もあります。テクノロジーによって人間自身も進化するからです。またひとたびプロジェクトが動き出すと新しい情報が手に入りますから、プロジェクト関係者は今までの認識を常にアップグレードしておく必要があります。その結果として少しずつプロジェクトを修正する必要性がでてくるかもしれません。しかしフィージビリティスタディでそのプロジェクトは実現可能であると判定されているわけですから中止する必要はないはずです。また時代の認識が変わるからと言って中止するようなフィージビリティスタディでは意味がありません。

　国や公共のプロジェクトは未来のシナリオを考えて 10 年、20 年先を予

測しなければなりませんから大変です。でも企業のプロジェクトの場合は
そこまで考えなくてもよいでしょう。賞味期限が近づいたら次のプロジェ
クトを立ち上げて新しい社会の波に乗るという考え方もあります。

　以上のことを頭に入れて予測可能領域では最良の条件の場合と最悪の条
件の場合の予測値からシステムレンジを求めます。また最悪条件の事態の
発生が予測される場合は上に説明した不確実事象の発生確率を考慮して全
体の確率を求めましょう。くれぐれも最良の条件だけで予測しないでくだ
さい。痛い目にあいます。

参考文献

[1]　https://en.wikipedia.org/wiki/Apollo_spacecraft_feasibility_study#GE_D-2

[2]　ジェームズ・C・コリンズ、ジェリー・I・ポラス（山岡洋一訳）、『ビジョナリーカンパ
　　　ニー』、日経 BP 出版センター、1999 年

[3]　川喜田二郎、『発想法　創造性開発のために』、中公新書、2017 年

[4]　照屋華子、岡田恵子、『ロジカル・シンキング』、東洋経済新報社、2008 年

[5]　フィリップ・コトラー、『コトラーのマーケティング 4.0』、朝日新聞出版、2020 年

[6]　佐藤航陽、『未来に先回りする思考法』、㈱ディスカバー・トゥエンティワン、2015 年

[7]　キース・ヴァン・デル・ハイデン（西村行功訳）、『シナリオ・プランニング、戦略的思考
　　　と意志決定』、ダイヤモンド社、2006 年

第6章　商品開発プロジェクトの実現性予測

　プロジェクトの実現性を予測する新しいフィージビリティスタディの準備が整いましたので、本章では商品開発プロジェクトを例にとってその実現性を予測してみましょう。実現性予測法の威力を理解してください。

　ここでは具体的な商品開発を企画するところから解説します。企画された商品の販売までのプロジェクトについて、その実現性を新しいフィージビリティスタディで解説します。

　商品開発のテーマを発見するには四つの入り口があります。それはシーズ、ニーズ、現製品、ビジョンの四つです。本章で紹介する新しいフィージビリティスタディの実施例ではビジョンから入る商品開発プロジェクトで説明します。その前にシーズ、ニーズ、現製品から入る商品開発のテーマの見つけ方を簡単に説明しましょう。

6.1　シーズ、ニーズから入る商品開発プロジェクト

　「シーズ」とは「利用目的なしに発見された事実」を言います。発見された事実は社内、社外いずれでもよいのです。例えば谷川岳の下を通る大清水トンネルを掘削中に湧き出した水がシーズとなりミネラルウオーターとして販売されたのもその例です。

　また 3M カンパニーでスペンサー・シルバーが接着力の強い接着剤を開発中に、「よくつくけど簡単にはがれてしまう」接着剤を偶然作ってしまい、それがポストイットにつながったのもシーズから入る例です。シーズから入る商品開発プロジェクトの場合は、SWOT 分析などを飛び越して、ニーズを探し直ぐ商品化の作業に入ってしまう場合がほとんどです。

　一般に商品開発プロジェクトはほとんどニーズからから入ることが多いです。このような商品開発は競合企業も同じようにニーズ調査をしますから、往々にして同じような情報の下に発想することになり、差別化することが難しくなります。また一般の消費者は革新的なニーズを持ち合わせていないので、革新的な商品をニーズから見つけることはなおさら難しくなります。他社と差別化するためには意識して隠れたニーズである「マスクドニーズ」を探す努力が必要になります。

　ニーズから入る商品開発の参考書は多数ありますからここでは詳しく述べませんが、ポイントをいくつか解説します。

6.1.1　SWOT 分析でニーズの分野を設定する

　まず大局的で将来的な視点からどのような分野の商品企画が適切かを見定めなければなりません。あてずっぽうで、思いつきで商品企画すると、たとえニーズ（つまりそのときの顧客の好み）があるとしても、トレンドが変わってしまうとニーズが短期間に消える可能性があります。ニーズから入る場合の大原則は、まず大所高所から、しかもある程度長期的な視点で攻めることがことのほか大切です。そのためには SWOT 分析を行い、機会と脅威から、つまりアウトサイドからニーズを調べる対象分野を決めます。

　分野が決まったら次はマーケットをどこに絞るかを考えないといけません。ここで重要なことは、マーケットセグメントを広げ過ぎてはいけないということです。つまりユーザーの対象を広げずに絞るということです。例えば、男性なのか女性なのか、若者か、年配者か、収入はどの程度の人を対象にするのかというように対象を絞っていきます。これだけではまだ粗すぎるので、次に男性の若者に的を絞ったとすると、若者もサラリーマンで 10 代か 20 代か 30 代か、しかも自動車に興味を持つ人か、野外活動が好きな人かなどさらに細かく対象を絞ります。

　ここで誘惑に駆られてできるだけ幅広い人に売るとか、誰にでも魅力的な商品にしようとマーケットセグメントを広げてしまうと失敗します。「万能の...」とか「どんな人にも...」とかいうものは現実には存在しないのです。仮に見つけたとしても、逆に一般の人から見るとこれが自分には本当に必要なものか、本当に自分に有効なのかと考えてしまい、結局自分には関係なさそうだと考えてしまうのです。誰にでも良いものは誰にでも中途半端なものになってしまいます。そこでマーケットセグメントは限定しましょうという考え方が出てきます。これを「マーケットセグメント限定の原理」といいます。

6.1.2　インタビュー／アンケートで情報収集

　開発する商品のセグメントが決まったら、ニーズに関する情報をインタビューやアンケートで収集します。多数のしかも遠隔地の人からも情報を収集する場合はアンケートによるのが便利で経済的ですが、質問のデザインによって結論はどうにでも変わってしまうので、慎重にデザインする必要があります。

　インタビューするときにはただ漫然と聞くのではなく、相手の深層の考え、つまりマスクドニーズを掘り出すように聞く必要があります。ではそのためにはどのようなテクニックがあるかといいますと、一つ推奨できるのがアクティブ・リスニング (Active Listening) という対話の方法です。アクティブリスニングとはコーチング理論 [1] の中で使われる手法の一つです。

　昔のアスリートに対するコーチングは、コーチがアスリートを自分の経験で得た型にはめるように指導していました。しかし、近年のコーチング理論ではアスリート自身に自分に最も適した型を気づかせ、自分で能力を伸ばす手助けをする方法に変わってきています。これがスポーツだけではなくビジネス分野でも応用されて、社員などが問題を抱えているときに、その解決策を上司がコミュニケーションを通して自ら答えを導き出せるように助けてあげるのに使われるようになりました。私はこれをマーケティングのインタビューにも応用すればマスクドニーズを抽出できるのではないかと考えます。

　アクティブリスニングではコーチが絶対答えを言わず、必ず本人に答えを気づかせます。したがってインタビュー調査でも質問者（インタビューアー）が答えを言ってはいけません。質問者は相手（顧客またはモニター）に感情移入し、思いやりと容認（相手の考えは正しいと認める）の態度で相手に接します。

　対話においては質問とバックトラッキングを組合せて相手に答え（マスクドニーズ）を見つけさせるのです。バックトラッキングとは質問者が相手と同じような表現の言葉をおうむ返しに相手に返してあげるのです。そうすると相手はその自分の言葉に刺激されて解決策を思いつくというものです。

例えば、質問者と顧客のやりとりを次の例で見てみましょう。

質問者「その万年筆は使いやすいですか」
顧　客「どうもちょっと使いにくいです」
質問者「ほう、使いにくいですか。どうしてです」
顧　客「書き始めにインクの出が悪いのです」
質問者「いつも書き始めにインクが出なくて字がかすれるのですか」
顧　客「いつもではなくて長く使わなかったときに……」
質問者「長く放置していたときに書きにくいのですか」
顧　客「そうです。例えば細いマーカーみたいなものはいつでもすぐ書けるのに……だから万年筆ではなくてマーカーをいつも使ってしまうのです」
質問者「かすれないですぐ書き始められるからマーカーを使うのですね」
顧　客「マーカーは万年筆よりタッチが柔らかで、書き始めにかすれがないし、インクを補充する必要がないからね。ただ、やはり万年筆の方がフォーマルな感じがして……」

というように会話は続きますが、これだけでも重要なマスクドニーズのヒントが得られています。この顧客のマスクドニーズは想像するに、「万年筆のような美しい文字が書けて、いつでもすぐ書き始められる新しいフォーマルな感じの筆記用具が欲しい」ということになります。これは筆者1人で勝手に顧客になって会話を作文しましたが、質問者側の発言を細工する必要は全くありませんでした。つまり、アクティブリスニングは相手に答えを考えさせるので質問する方はまったく苦労をしなくて済むのです。

6.1.3　メタコンセプト発想法でテーマ発見

つぎにクリステンセン[2]のいう持続的技術が陥る欠点である「機能の供給過剰」に陥らないように、また従来商品に新しい機能を付加するだけに終わらないように、次章で解説するメタコンセプト発想法を用いてより

上位のメタコンセプト（上位の目的）に上がって有効なテーマを探す必要
があります。

　例えば上の万年筆の例では、「美しい文字がいつでもすぐ書き始められ
る万年筆」というように従来製品名を具体的に出してしまうと持続的技術
の機能の供給過剰に陥ってしまいます。前述のように「......フォーマル
な感じの新しい筆記用具」というように万年筆から抜け出して上位の概念
から出発すれば失敗することはありません。

　その意味ではマスクドニーズはメタコンセプトになっている場合が多い
ので、マスクドニーズから具体的なテーマを見つけることは特に問題ない
と考えられます。しかし、ニーズが「具体的商品」もしくは「解決したい
問題」として出てきた場合は必ずメタコンセプトを見つけなければならな
りません。

6.2　現在の製品から入る商品開発プロジェクト

　次に紹介する「現在の製品から入る戦略キャンパス法」は以上の三つと
は全く異なるプロセスとなります。

　現在の製品から入る商品開発プロジェクトは文字通り現在自社で製造販
売している製品や商品から出発します。その意味でイメージしやすく使い
やすい手法だということができます。ここでは W・チャン・キムとレネ・
モボルニュの「ブルー・オーシャン戦略」[3] をメタコンセプト発想法で強
化した手法を紹介しましょう。ステップは次の通りです。

6.2.1　現在の製品の価値曲線を求める

　まず現在自社で製造販売している対象製品を選びます。対象製品が決
まったらこの製品の特性を把握するためのキーワードを列挙してそれら
の価値曲線を描いて分析します。MD プレーヤーを例にとって説明しま
しょう。

　この製品の特性を視覚的に把握するために価値曲線を用います。MD
プレーヤーの特性を横軸に配置します。ここでは、小ささ、軽さ、収録曲
の多さ、価格の安さ、再生媒体、連続再生時間の長さ、音質の良さの 7 項
目を考えます。縦軸にその特性の質・量の高さを高、中、低のラフなス

ケールで表示します。これは高いほうが質・量ともに良いことを示します。以上の特性の質・量を推定してプロットします。

　ここで大切なのは、特性項目の表現が、その項目の良くなるほうが高くなるようにプロットできるようにすることです。例えば、MD プレーヤーはサイズが小さいほうがよいので「小ささ」と表現しますが、これを「大きさ」と表現してしまうと、小さいサイズのものは「低」にするのではないかとう誤解を避けるためです。ただし再生媒体に関しては「あり・なし」と「高・低」を関係付ける表現が難しいので単に再生媒体とだけ表示しました。

　MD プレーヤーを評価すると図 6.1 のようになります。このときに同じレベルが隣同士になるように項目を並べると見栄えが良くなります。「収録曲の多さ」を「低」としたのは MD というメディア 1 枚では収録曲が少ないからです。

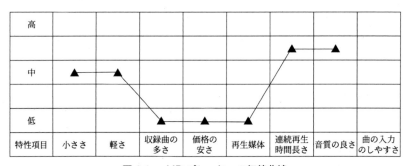

図 6.1　MD プレーヤーの価値曲線

6.2.2　この製品のメタコンセプトは何か

　次にこの製品のメタコンセプトを考えます。上位概念である本当の目的を考えてキーワードで表します。このプロセスはもとの戦略キャンパス法にはない考え方です。この考えを取り入れることにより戦略キャンパス法はさらに強力な商品開発手法になります。

　メタコンセプト発想法では、「MD プレーヤーがないと何が困るか」と考えます。

表 6.1　アクション・マトリックス

【取り除く】（メタコンセプトで） 　再生媒体	【付け加える】（メタコンセプトで） 　曲の入力のし易さ
【減らす】 　連続再生時間の長さ	【増やす】 　収録曲数、価格の安さ、小ささ、 　軽さ、音質の良さ

「保存した音楽がどこでも自由に聴けない」

となるので、メタコンセプトは

「保存した音楽をどこでも自由に聴きたい」

となります。ここから発想を始めます。

6.2.3　アクション・マトリックスで新しい戦略を考える

　この価値曲線をもとに「アクション・マトリックス」（表 6.1）を考えます。アクション・マトリックスは《取り除く機能》、《付け加える機能》、《減らす機能》、《増やす機能》の四つに場合分けして現在の製品の特性をどのように改善するかというアクションを考えます。

　上の段はメタコンセプトにより取り除いたり付け加えたりする機能を書き込む欄で、下の段はメタコンセプトによらない機能を書き込む欄です。右側の列は新しく機能を付け加えたり、従来の機能の程度を増強したりする欄で、左側の列は従来の機能を取り除いたり、従来の機能の程度を減らす欄です。この四つのセクションに前述のすべての価値曲線の機能がどこにあてはまるか考えて割り付けていくのです。

　メタコンセプトで考えるとどんな方法であれ音楽が保存され、どこでも自由に聴くことができればよいわけですから、「再生媒体（ここではMD）」は必ずしも必要ないので取り除くことにします。

　同時にメタコンセプトで考えると、音楽を「保存」するには再生媒体がいらないので、本体への「曲の入力のし易さ」が付け加えられます。これはマーケティングでいうマスクドニーズになるでしょう。

　「再生時間の長さ」は新幹線で東京～大阪間の往復を充電しないで余裕

をもつて聞ければよいと考えると、もう少し減らして、質量やサイズを小さくしたいです。ただし技術が進歩すれば再生時間を長くしながら質量やサイズを小さくできるようになりますが、この時点では仮にこのように決定しました。

　増やすほうは「収録曲の数」を MD 一枚の何倍も音楽を収録したい。「音質の良さ」もさらに良くしたい。「価格の安さ」「小ささ」「軽さ」を増やすということは、より安くより小さくより軽くということです。したがって以上をまとめると MD プレーヤーのアクション・マトリックスは表 6.1 のようになります。

6.2.4　新しい価値曲線を描く

　以上のアクション・マトリックスの結果を価値曲線（●）で表すと図 6.2 のようになります。従来の自社製品（▲）と比較すると明らかに違う魅力が出ていることが分かります。この価値曲線に当てはまる製品を開発すれば、価格をいくらにするかということにも左右されますが、今の自社製品よりははるかに確実に売れる製品になるでしょう。この価値曲線が現在の製品から入る商品開発プロジェクトの機能的要求になります。

　この最終の機能的要求を見てすでに実在する具体的な商品に気が付きませんか。本節の事例は 2011 年に出版した拙著 [4] からの引用ですから少し内容的に古くなっていて申し訳ありませんが、そうです、それは当時ベストセラーとなった iPod です。いまさら iPod まがいの製品を開発する

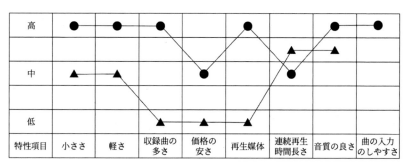

図 6.2　新しい携帯音楽プレーヤーの価値曲線

ことは出来ないでしょうが、当時もしアップルより先にこれを商品開発プロジェクトで実施していれば凄い利益を生み出していたことでしょう。この方法は前にも述べましたがオリジナルな戦略キャンパス法よりはメタコンセプト発想法によってさらに強化されており、実用性も高められていることは理解いただけたでしょう。

6.3　ビジョンから入る商品開発プロジェクト

　それでは筆者が最もお勧めする「ビジョン」（願望と表現してもよいかもしれません）から入る商品開発プロジェクトのフィージビリティスタディについて説明します。「ビジョン」から入る商品開発プロジェクトは、あらかじめ面倒な市場調査は不要で、逆に新しい市場を創造する意味があり、従来の例では革新的な商品を生み出しています。例えばソニーの盛田昭夫のウォークマン[5]、東芝の技師だった舛岡富士雄氏の発明したフラッシュメモリ[6] などがそれに当たります。また新幹線に至っては東海道新幹線建設当時の国鉄総裁で「新幹線の父」と呼ばれる十河信二、国鉄技師長 島英雄、鉄道技術研究所技師 三木忠直、松平精、河邊一らの熱いビジョンが重なり合って実現しました。

　ここで重要になるのが前章の未来予測の項で解説した四つの未来発現パターンです。再記しますと「①必要性がテクノロジーのイノベーションを起こす、②進化の流れは線である、③集中から分散、④必要性の高いテクノロジーはエントロピー増大の法則で拡散する」です。とくに必要性からビジョンを考えること、または進化の流れという線に載せて考えることがとても重要です。

　それではビジョンから入る商品開発プロジェクトのプロセスを以下に説明しますが、このプロセスは前章で解説した新しいフィージビリティスタディのプロセスの最初の三つのステップに相当します。つまり、（1）プロジェクトの内容の明示と SWOT 分析、（2）プロジェクトの機能的要求とデザインレンジの確定、（3）プロジェクトを実現するシステムをデザインする、に相当しますが、ここでは商品開発プロジェクトに合わせて少し変えてあります。ではビジョンから入る商品開発のプロセスの最初の六つのステップを説明します。

（1）まずビジョンを明示する
（2）SWOT 分析
（3）テーマ発見
（4）評価項目の決定とテーマ選定
（5）機能的要求の選定とシステム設計
（6）プロトタイプのデザイン

　ビジョンは普通経営者が持つべきものと考えますが、一般の社員が持つ場合も当然あります。この場合一般社員のビジョンをくみ上げられる良いシステムができているかどうかが企業の繁栄に大きく影響します。上記の舛岡富士雄氏のフラッシュメモリの例がそれです。東芝はこの個人のビジョンを無視したためにフラッシュメモリ分野で大きな損失を被りました。このビジョンをくみ上げていれば東芝は今頃素晴らしい発展を遂げていたでしょう。したがって社員個人のビジョンは大切にしなければなりません。ではプロセスを順番に説明しましょう。

6.3.1　まずビジョンを明示する

　第 1 ステップはまずどのようなビジョンを持っているか明示的に表現することです。ビジョンは「実現したいと熱く願って心に描く未来像」と定義しましょう。ビジョンにはビジョン自体を実現する魔法の力を秘めていることを知らなければならなりません。つまり夢やビジョンを持ち、それを実現できると信ずることによって、脳はその方向に向けて活動を開始するし、不思議なもので周りの環境もその流れに合わせて変わってきます。脳型コンピューターの開発に携わった理化学研究所の松本元も「人は夢を持てば脳は活性化され、問題解決へ向けて自律的に脳の回路が形成されていく」[7] と述べています。必要な情報や資源や人財も集まってきます。このことによって、夢やビジョンはますます実現しやすくなるのです。
　そこでこのプロジェクトを実施する仮想の会社の経営者が「人々の健康な暮らしを支援してあげる室内用健康機器を作りたい」というビジョンを持ったと仮定します。2020 年の時点で新型コロナのパンデミックが発生して生活様式がガラッと変わってしまいました。従来はフィットネスクラ

ブの会員になって毎週通って健康維持に努力していた人々も、新型コロナの感染を恐れて自宅で健康維持を考える必要が出てきました。この線上の未来予測に乗って室内用健康機器のビジョンが出てきたと考えてもよいでしょう。次のステップからは複数のメンバーで実行します。

6.3.2　SWOT 分析

　第 2 ステップでは SWOT 分析を行ないます。SWOT 分析は前章でも説明しましたがここでも再度概略を説明します。SWOT 分析の考案者は今となってははっきりしませんが、アメリカのビジネススクールで経営戦略の教育に多く取り入れられてから日本に伝わってきたと考えられます。SWOT 分析は企業を取り巻く外部環境や内部環境を分析して経営的な戦略を立てるのに用いられていますが、ここではビジョンを時の流れに載せて実現しやすくするために行ないます。

　仮想のわが社で検討した SWOT 分析結果を表 6.2 に示します。「内部環境」とは自社の力で変えられるもの、「外部環境」は自社の力ではどうにもならないものです。

　分析はまず外部環境という大きな視点から入るのがよいとされています。つまり企業が目的を達成するうえで影響を受ける可能性のある外部環境のマクロ要因（政治・経済・社会情勢、技術動向、法的規制など）から入り、ミクロ要因（市場規模、成長性、顧客の価値観、価格の傾向、競合他社の動向など）を列挙し、「機会」となる要因と「脅威」となる要因を列挙します。この場合当然ながら日頃から新聞、雑誌、TV、Web、人のネットワークなどからの情報に注意していなければなりません。

　外部環境の分析が終わったら、次に内部環境つまり「自社の強み」や「自社の弱み」の分析に移ります。強みと弱みは、自社の有形・無形の経営資源，例えば生産システム、商品力、コスト体質、販売力、技術力、評判やブランド、財務、人材などを検討し、それらが競合他社より優れているか、劣っているかで分類して分析します。

　表 6.2 のわが社の例では、外部環境は国民の健康意識の高まりがあり、これは高齢者人口が増えてきてこととも関連があるかもしれません。さらに国の健康保険財政のひっ迫はなんとしても解決しなければなりません。

表 6.2　わが社の SWOT 分析（2020 年の時点）

	機会(Opportunities)	脅威(Threats)
外部環境	・健康意識の高まり ・国民健康保険の財政悪化 ・室内健康器具のヒット商品がない ・高齢者の人口増加 ・新型コロナのパンデミック	・フィットネスクラブの増加 ・ジョギングブーム
	自社の強み(Strengths)	自社の弱み(Weaknesses)
内部環境	・小型液晶モニタを作っている ・社内に自転車同好会がある ・機械部品製造技術もある	・健康医療関係の専門家がいない

　そのためには国民の健康を増進し、国民一人当たりの医療費を下げなければなりません。

　また健康機器を製造販売している企業はたくさんありますが、まだヒット商品がありません。さらに 2020 年現在では新型コロナのパンデミックの影響でフィットネスクラブの利用が控えられ、家庭内で運動することが増える傾向が出てきました。これは室内用健康器具の需要が増える可能性が出てきています。このようなことはすべて最良の機会になります。

　一方脅威はフィットネスクラブが増えてきているので、家庭内で運動することは逆に減るかもしれません。これは前述の通り新型コロナのパンデミックの影響で脅威にはならないかもしれませんが一応脅威に含めておきました。またジョギングする人が増えていることは健康機器を使わない人が増えていることにもなります。しかし雨の日のジョギングは難しいとか、室内なので服装は人目を気にしなくてよいとかと考えると室内でトレーニングする需要はあるでしょう。とくに梅雨の時期や雪国などでは需要が大きいでしょう。室内用健康機器が増えない理由はいろいろあるでしょうが、一つには高価であること、効果がはっきりしないこと、もう一つは日本の家屋の狭さにあります。これらの点が解決されれば需要は期待できます。

　これらに対して内部環境の自社の強みは、スポーツ関係では自転車の同好会が活発に活動しています。もう一つは、わが社には小型液晶モニター

を親会社から下請けで製造しているので、その製造技術では優れた人材と設備があり他社に比べて有利です。また機械部品の製造技術や設備も優れています。

　SWOT 分析は複数のメンバーで行うので実際はもっとたくさんの情報が出てきます。それらがそろったら機会と脅威に注目して KJ 法[8] で整理統合します。機会や脅威がバラバラに羅列されているよりも、整理統合しグループ化する方が後の処理をしやすいのでグループ化しておきます。ここではそのプロセスは省略します。

　ビジネススクールなどで教える古典的な手法は、このように情報が集まった後、企業内部の能力つまり自社の強みに適合する外的環境を選んで戦略（計画）を立案するという流れになります。しかし、このような戦略の立て方では企業の強み（コアコンピタンス）がシステム拘束条件（第 7 章参照）になって理想的な商品開発プロジェクトが創案できないので避けるべきです。

　むしろ外部の機会に的を絞り商品開発プロジェクトを作成し、自社のコアコンピタンスが不十分の場合には、新しいコアコンピタンスを創るのです。つまり機会とビジョンを融合させるために、もし必要であれば新たなコアコンピタンスを創造するのです。このような新しいコアコンピタンスの積み重ねにより技術力や商品開発力は高まり、企業は発展するのです。

　以上をまとめますと、SWOT 分析からテーマを発見する際に大切なことは、「アウトサイドイン」だということがわかります。「アウトサイド」つまり外部環境の「機会」から自分たちのビジョンに合ったテーマを発見するということです。これは未来予測の進化の流れを捕まえることにも相当します。「脅威」からも逆転の発想でテーマを発見できます。

　その後で「イン」、つまり内部環境としての "自社の強み" や "自社の弱み" の視点からどう対処するか、新しいコアコンピタンスとして何を開発しなければならないかを検討するのです。このような分析をもとに需要に合った室内用健康器具が作られれば十分ヒット商品になる可能性が出てきます。

6.3.3　テーマ発見

　次のステップは商品開発プロジェクトの核になる具体的なテーマの創出作業になります。ビジョンに適合し、その時代の機会に合っており、しかも脅威に配慮したテーマを見つけます。ここで大切なのがメタコンセプト発想法です。リストされた機会から対症療法的に発想するのではなく、機会が与えられたときにそれが解決しないと何が困るかを考えて、それを解決するためにどうしたらよいかということを上位の概念（メタコンセプト）から考えて、そこからビジョンに合うテーマを数多く発想するのです。この作業はグループで実施することをお勧めします。

　テーマ発見の会議を数時間続けるとアイディアがアイディアを呼んでテーマ数はかなりの数になります。人数が多いとそれこそ 100 個前後のアイディアが出てくることもあります。そのようなテーマの中には似たようなものも当然出てくるし、アイディア同士を組み合わせるともっとユニークなアイディアになる場合もあります。そのようにして出されたアイディアを整理統合して数を絞ります。整理統合しても当然あまり重要でないアイディアも多数含まれているのでそれらをふるい落とす作業も必要になります。

　ここでテーマを絞りすぎてしまうと良いテーマを取りこぼしてしまうし、また多すぎると次の最終決定する段階での作業が大変になるので、大体多くても 5、6 件程度に絞られるのが望ましいです。

　数を絞る作業ではまずみんなで相談して各自が投票できる投票数を決めます。投票対象のテーマが多い場合には少ない投票数では不満が残りますし、参加者が多くて投票の持ち数が多いと絞りきれないことも起こりますので、経験的には一人 3～5 票ぐらいの投票権を持つのがよいようです。このようにして実際に投票すると、うまくできているもので、3～6 件ぐらいのテーマに絞ることができます。

6.3.4　評価基準の決定とテーマ選定

　前述の予備選考では本命とそうでないものを区別することが目的なので、かなり乱暴なやり方に見えますが問題なく良いものとそうでないものの差別化ができます。しかし、ほとんど本命だけが残っている段階で最終

案を選ぶことになると、もう少し精度の高い合理的な選別法が必要になります。

　そこで威力を発揮するのが実現性予測法です。実現性予測法は前述したとおり全体最適の評価法にもなりますので、この場合には最も適した選考方法です。

　そのためにはどのような基準で評価するかをまず議論して決めます。正しい選択をするには正しい評価基準が必要になります。評価する基準が変われば当然結果も変わってくるので評価基準を正しく決めることが重要であることは言うまでもありません。

　そこで次のステップではプロジェクトの評価基準を皆で慎重かつ十分に議論して決めることになります。ここにその一つの代表的な例を示しましょう。

① ビジョンに合っているか
② 収益性はあるか
③ マーケットセグメントのニーズはあるか
④ ユニークさはあるか
⑤ 1年以内に商品化できるか
⑥ マーケットの将来性はあるか

　このステップはあくまでビジョンに合ったテーマの選定が目的でプロジェクトを具体化する最初の段階です。フィージビリティスタディはこのあと具体的なシステムがデザインされてから実施します。ここで述べる評価はエンジニアリング問題とは異なり客観的・定量的なデータが採れない場合が多いので、感性評価することになります。10点法で評価します。点数評価法の場合一般にはデザインレンジはすべての評価項目に対して同じにします。10点のスケールを用意して、各点の意味を解説してもいいです。例えば10点は"完全に最高の評価"とか"6点は標準的な評価"などです。実現性予測法は項目間に重み付けをしてはいけないので、重要度の違いは各評価者（モニター）の感性に任せます。

　実現確率を計算するときに必要になるシステムレンジは、いままで何度

も解説してきた通り点数のばらつく範囲ですから、平均値を m、標準偏差を s とすると次式を用いて求めます。

$$m \pm 3s$$

ここで、もしシステムレンジの上の値が 10 を超えたら 10 とします。デザインレンジを 6 点以上として実現性予測法でテーマを最終的に一つに絞ります。

　さて仮想的テーマが「あたかも郊外を走っている感覚で楽しみながら足腰を鍛える室内用自転車」(以下「フィットネス用バーチャルバイク」略して「バーチャルバイク」と命名します)に決まったとします。

　実はこのテーマは 2011 年 1 月 15 日に拙著 [4] ですでに提案したものですが、なんと 2020 年 7 月 11 日の NHK の朝のニュースで、ネット上のバーチャルロードレースとして一部実用化された映像が紹介されていました。9 年半も前に筆者が考えたアイディアですが、新型コロナのパンデミックで実際にロードレースができないので、ネット上で参加者を募って実施された映像でした。本書で紹介するバーチャルバイクの方が紹介されていたバーチャルバイクの機能より充実していますが、このプロジェクトのテーマは間違っていなかったということを NHK のニュースが証明してくれました。

6.3.5　機能的要求の選定とシステムの概念設計

　このステップでは上記の過程で選ばれた商品開発プロジェクトのテーマつまりバーチャルバイクの機能的要求を決めて、それにもとづいてシステムの概念設計をします。

　そこでまず「顧客に感動を与えられる機能」を創出します。ここでは焦点発想法が有効でしょう。この発想法は C.S.Whiting[9] が 1955 年に提案した方法です。この発想法は慣れるまで使いにくいと感じる人もいるかもしれませんが、結構有効な発想法ですから試してください。焦点発想法は、まずなんでもよいから焦点を当てる対象として自分の好きなモノやソフトウエアを任意に選びます。次に、この対象の属性を列挙して、この属性を前述のテーマに強制的に結びつけて新しい発想(ここでは機能的要

表 6.3　バーチャルバイクに与える機能的要求

焦点の対象	属性	魅力的な機能的要求
ゴルフクラブ	・飛ばす距離によってクラブが決まる	・体力レベルに応じて負荷を変えられる ・負荷の選択次第で達成感が変わる
ゴルフボール	・丸い、よく飛ぶ、転がる	・練習の質に応じて指標が良くなったり 　悪くなったりする ・惰性でも前進する
カート	・容易に移動	・家庭内どこへでも簡単に移動できる ・走るという機能が求められる
キャディ	・プレーを支援してくれる	・年会費だけでプロが時々チェックしてくれる
スコア	・目標のスコアを出そうと頑張る、競争	・スコアを付けられ、達成感と同時に難しさを 　体感する ・ハンディキャップで体力に差があっても 　対等に競争できる
ゴルフナビ	・先が見通せる	・モニターでロードの景色が見られる
クラブハウス	・食事と談笑	・仲間と談笑し、情報交換し、食事とお茶が 　楽しめる場所がある

求）を連想するのです。例えば新しいバーチャルバイクの機能を創出する
として、筆者の好きなゴルフに焦点を当てた例を表 6.3 に示します。
　このような発想法を利用して具体的な機能的要求を創出します。イン
ターネットが発達しバーチャルな世界が当たり前になってくる現在におい
ては、このバーチャルバイクは有望な商品となる可能性を秘めています。
以上のバーチャルバイクの機能的要求をまとめると次のようになります。

① 屋内で健康増進できるバーチャルバイク
② 屋内で野外スポーツのように楽しめるバーチャルバイク
③ マウントヘッドセットのモニターにツール・ド・フランスを走って
いるような映像が映る
④ そのモニターの道路に合わせてハンドルを切り、道路の勾配に合わ
せて踏む力を変えて進む
⑤ 体力のレベルに合わせて全体の負荷を変えられる
⑥ 運動の量だけでなく質も評価され表示される
⑦ 屋内のどこへでも手軽に移動できる
⑧ 都度適当な料金で指導員の指導が受けられる
⑨ 運動結果のスコア（所定の距離を走り切る時間など）が付けられる

⑩ 同じ機器をもつ仲間同士でハンディキャップを含めてネット上でスコアを競い合う

⑪ ネット上でバーチャルなロードレースに素人でも参加できる

⑫ 街のレストランと提携して会員同士の親交の場が設けられる

⑬ 世界中の有名なロードのアプリをインターネットからダウンロードできる

　筆者のイメージはモニターの道路に合わせて実際の道路を走っているようにペダルの負荷が変化し、ハンドルを切り、危ない時はブレーキをかけ、道路から外れたらそこで映像が止まってしまう。目的地までの時間がスコアになる。ネット上で多くの参加者をつのりバーチャルロードレースもできる。庭やベランダで使用すれば太陽光を浴びながらできる。

　モニターには画面型とゴーグル型が考えられます。ゴーグル型の方がより現実感が味わえますが、発汗対策ができないと使いにくいでしょう。画面にはロード映像だけでなく運動時間、走行距離、平均走行速度、消費カロリー、運動日数などの情報も表示させます。体重や内臓脂肪や体脂肪もエアロバイク上で随時測定可能にして健康状態が常時フィードバックされて、「よし、もっと続けよう」という気持ちにさせます。問題は価格でしょう。

　この基本機能を商品化するにはこれらの機能的要求のどれが「顧客に感動を与えられる機能」であるかをコストとのバランスを見極めなければなりません。そこで各機能的要求に対してモニターに感性評価してもらいます。ここでも実現性予測法を用いて評価します。

6.3.6　プロトタイプのデザイン

　重要な機能的要求が決まったらそれを組み込んだ商品のプロトタイプのデザインをします。もちろんこのプロトタイプはあくまでも最終的なフィージビリティスタディを実施するためのスタート台なので、ある程度のレベルのデザインができていれば問題ありません。

　次はこのデザインをもとに対象のセグメント（販売対象となるユーザー層）のユーザーに最も満足されるシステムの具体化なります。この場合

モックアップをつくることもあるでしょうし、この程度の商品でしたら実際製品に近いものを製作することも可能です。具体的なものがあるほど次のフィージビリティスタディの精度は上がるでしょう。その場合に強力なツールとなるのが第 3 章、第 4 章で紹介するデザインナビです。これを使えば短時間で最良の製品が実現します。このプロトタイプを用いてフィージビリティスタディを実施すれば高精度な実現性予測が可能になります。

　以上一見手の込んだプロセスに見えますが、何度も言いますが以上 6.3.1 から 6.3.5 までのプロジェクトの前半のステップが肝心です。この前半のステップにはいくら手間をかけてもかけすぎるということはありません。後で必ず報われます。

6.4　商品開発プロジェクトのフィージビリティスタディ

　以上で得られたバーチャルバイクのデザインもしくはモックアップもしくは実車のプロトタイプに対していよいよ商品開発プロジェクトのフィージビリティスタディの後半を実施します。

　後半のフィージビリティスタディのフローは次の通りです。

　（1）システムが関係するすべての分野の実現性を予測する
　（2）フィージビリティスタディの結論をまとめる

　まず上に得られたシステム（バーチャルバイク）に関して検討しなければいけない関連する分野を列挙します。このケーススタディの場合以下のとおり列挙されたとします。

　・技術的実現性
　・法律上の実現性
　・運用の実現性
　・スケジュールの実現性
　・マーケットの実現性
　・資源の実現性
　・財政上の実現性

161

・社会的実現性

　これらの分野でデザインナビを利用して作られた最良のプロトタイプが
どの程度の実現性があるかを検討します。どのように実現性を予測するか
順番に見ていきましょう。実現確率の予測の精度はフィージビリティスタ
ディの結論の精度に大きな影響を与えます。正確に予測する理論はこれか
らの研究に待たなければなりませんが、状況の時系列変化を仮定してカル
マンフィルターによるベイズ推定[10]も一つの強力な手法になるかもしれ
ません。本書ではレベルを超えますので割愛します。

技術的実現確率　P_1

　前節の 6.3.5 に列記した機能的要求の中で、技術的なものを一つ挙げる
とすると、④「そのモニターの道路に合わせてハンドルを切り、道路の勾
配に合わせて踏む力を変えて進む」の項目でしょう。これはとくにパラ
メーターやシステムレンジなどはなく、この機能的要求を実現できるかど
うかの問題です。しかもこれは実現させなければならないので困難を伴う
かもしれませんが必ず実現する項目です。したがって確率 P_1 は次の通り
です。

$$P_1 = 1$$

法律上の実現性　P_2

　このバーチャルバイクでは公道を走るわけではありませんから道路交通
法には抵触しません。また電気用品安全法、家庭用品品質表示法などの法
律に関係するところがあれば当然それらをクリアしなければなりませんか
ら、一般の開発ではこの項目の実現確率は次の通りです。

$$P_2 = 1$$

運用の実現確率　P_3

　このプロジェクトのビジョンは「人々の健康な暮らしを支援してあげる
室内用健康機器を作りたい」でした。そして提案されたバーチャルバイク

で人々の健康な暮らしをどの程度実現できるかを予測します。デザインナ
ビで実際に製造したプロトタイプがありますから、それをモニターに 1 ヵ
月程度貸し出して、どのていどメタボが改善するか、また血液検査で中性
脂肪や悪玉コレステロールがどの程度減ったかという検証はできるでしょ
うし、ほかの健康指標も検証可能です。ここではとりあえずその場でモニ
ターに試乗してもらっただけの感想で感性評価をしてもらったと仮定し
ます。

　モニターはこのフィージビリティスタディ実行メンバー以外に求めま
す。例えば 10 人の評価が 10 点法で 7、8、9、9、7、6、9、8、8、8 点
だったとします。筆者の個人的な感性評価からすると手前味噌ですが、
もっと高得点を得られると想像しますが、演習ですからこのように仮定し
ました。そうすると平均値 m、標準偏差 s からシステムレンジを m±3s
として P_3 を求めると

$$m = 7.9$$
$$s = 0.99$$
$$SR = 7.9 \pm 3 \times 0.99 = [4.93, 10]$$

デザインレンジを 6 以上とすると CR は

$$CR = 4$$

ですから実現確率 P_3 は

$$P_3 = 4/(10 - 4.93) = 0.79$$

となります。

スケジュールの実現確率　P_4

　スケジュールの実現確率は製品が販売店に届くまでの時間で考えます。
システムレンジは、システムの設計から販売用実車完成までの時間、生産
設備設置、外注先の手配、生産条件の調整（ここでもデザインナビを使い
ます）、製品の配送時間などを最短でできる環境条件が整備される時から、
予想外の遅延事態が発生した場合の最悪の長い工程時間までを見積もりま

す。プロジェクトを実際に開始してから2年以内で販売店に製品を届けるという目標を立て、スケジュールのシステムレンジが1.8年から2.2年と見積もられたとすると、工程の実現確率 P_4 は

$$P_4 = (2.0 - 1.8)/(2.2 - 1.8) = 0.5$$

となってしまうので、これでは全体的なシステム実現確率が確実に0.5を割ってしまい、このプロジェクトは実現不可能になります。そこで思い切って経営の判断で完成期限を2.5年としました。フィージビリティスタディ中に実現性を考えて工程を変更することは良く起こります。この影響は当然財政やマーケットの実現確率に影響してきますからそちらで問題が出ればこの変更は無効になります。

　以上の結果図6.3に示すようにシステムレンジがデザインレンジの中に完全に含まれてしまいますのでシステムレンジとコモンレンジの長さが同じになり、

$$P_4 = 1$$

となります。

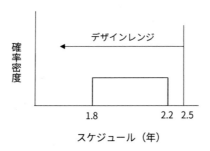

図6.3　スケジュールの確率密度

マーケットの実現確率　P_5

　マーケット関係の検討項目はたくさんあります。前章でも解説しましたが、再録するとマーケットのサイズ、マーケットに投入する最適な時期、

マーケットの持続性、販売価格と販売高、サービス体制やプロモーション、マーケットサイズの拡張性、流通システムや想定する地域など最低でも 8 項目にもなります。前項で製品投入時期を遅らせましたのでこの関係の分析はとても重要になります。これをすべてここで解説することはできませんが、2020 年 7 月 11 日の NHK の朝のニュースでこの商品がすでに販売されていることを考慮して、ここでは手抜きをさせてもらい、マーケットのシステム実現確率は

$$P_5 = 0.7$$

になったと仮定します。ご容赦ください。

資源の実現確率　　P_6

　必要とされる資金や不動産や人材（とくにスポーツ医学関係の専門家）が確保できる確率です。このシステム実現確率も次のように仮定します。ここでは最適な人材の確保がほぼ 100 ％可能と考えるべきですが、安全を見て次のように予測しました。

$$P_6 = 0.95$$

財政上の実現確率　　P_7

　前章でも紹介しましたが、このプロジェクトによってどれぐらい儲かるかということを検討します。いろいろなスケールがあると思いますが、例えばこのプロジェクトで将来どのぐらいのキャッシュフローが稼げるかを予測します。設定した目標値をどの程度満たせるか、どれぐらいずれる可能性があるか、景気変動はどうなるか、厳しく見積もる場合には突発的な紛争なども含めて振れ幅を予測することになります。ここは演習なのでシステム実現確率を次のように仮想的に決めさせてもらいます。

$$P_7 = 0.98$$

　2020 年には不幸なことに新型コロナウイルスのパンデミックが発生し、航空運輸業、観光業など多くの業界が多大な被害を受けました。ここに取り上げた商品はこのような状況にあっても家でエクササイズする人が

かえって増えるので、とくに実現確率を下げる必要はないかもしれません。しかし、上記の影響を受ける業界ではこのような不測の事態をあらかじめ考慮すると、実現確率はかなり低く抑えなければならないかもしれません。とすると多くのプロジェクトが不測の事態に対する低い実現確率を考慮しなければならなくなり、ほとんどのプロジェクトは実現不可能となってしまいます。

　そこでこのように考えたらどうでしょうか。不測の事態を想定した時、この検討分野で何らかの対策がとれる可能性がある、もしくは被害を受けにくい対策を前もってプロジェクトの中に組み込んでおくことができれば、このような不測の事態が回復した時にプロジェクトは正常な軌道に戻り実現できると考えるのです。そのように考えれば高い実現確率を採用することができるのではないでしょう。

社会的貢献の実現確率　P_8

　この項目は前述の運用の実現性でも論じましたが、そのほかに環境面でマイナスの影響がないか、雇用で貢献できるかなどの検討項目がありますがとりあえず問題ないとして

$$P_8 = 1$$

とします。

　以上でフィージビリティスタディのシステム実現確率を求める準備が整のいました。ここでは実現確率を簡単に仮定してしまいましたが、現実には時間と労力がかかる大変な作業になるでしょう。しかしプロジェクトが大きくなればなるほど失敗は許されませんから十分に時間と労力をかける価値はあります。またシステム実現確率が低く出てしまいそうな場合にはその対策を考えてできるだけシステム実現確率が高くなるようにプロジェクトを修正しなければなりません。それだけ労力とお金を掛ければ実行するにあたって成功への確信が持てます。

　それでは以上の実現確率を用いてこの商品開発プロジェクトのシステム実現確率Pを求めてみましょう。

$$P = 1 \times 1 \times 0.79 \times 1 \times 0.7 \times 0.95 \times 0.98 \times 1 = 0.51$$

0.51 は誤差があるとはいえ 0.5 をわずかに上回っていますので、このプロジェクトは GO です。ただし前章で述べた通りシステム実現確率が 0.5 を超えているからと言って安心はできません。これを成功させるにはリーダーの情熱あふれたリーダーシップと情熱を持った誠実な実行メンバーからなるプロジェクト実現組織が欠かせません。

　繰り返しますが評価の精度は具体的なシステムつまりプロトタイプが提示されれば、モニターは正確に評価できます。フィージビリティスタディではプロトタイプの実車を作ることは重要です。上にも述べた通りプロトタイプを数台作って多数のモニターに何週間か使用してもらえれば、その後健康度がどの程度向上したか客観的データが取れて正しく評価できます。例えば中性脂肪や悪玉コレステロールがどの程度減ったか、肺活量は増えたか、ウエストの寸法の変化でメタボがどれくらい改善されたかなどを測ると客観的で定量的な実現確率が求められます。これらのデータはマーケティングでプロモーションの時の強力なプロモーションのデータとしても使えるので是非実車で評価するべきです。

　最後に予測不可能な不確実事象をここでは説明を簡素化するために取り上げていませんが、当然考慮しなければいけない事項です。2020 年では新型コロナのパンデミックが発生してしまいました。実際のフィージビリティスタディでは前章で述べた方法を参考に不確実事象も含めて検討してください。

　以上で実現性予測法を使った新しいフィージビリティスタディのやり方をかなりご理解いただけたと考えます。皆さんの会社でもしプロジェクトが提案されたら是非この新しいフィージビリティスタディ手法を用いて確実に成果を出してください。

参考文献

[1]　Thomas Gordon,「Leader Effectiveness Training」,A Perigee Book,1977

[2]　クレイトン・クリステンセン、『イノベーションのジレンマ』、翔泳社、2001 年

[3]　W・チャン・キム，レネ・モボルニュ、『ブルー・オーシャン戦略』、ランダムハウス、講談社、2008 年

[4]　中沢　弘、『ものづくりの切り札　デザインナビ』、日科技連出版、2011 年

[5]　Akio Morita,"Made in Japan",Dutton,1986

[6]　Bloomberg Businessweek、2006 年 4 月 3 日

[7]　松本　元、『愛は脳を活性化する』、岩波書店、1996 年

[8]　川喜田二郎、『続・発想法』、中公新書、1996 年

[9]　Charles　S.　Whiting,「Operational　Techniques　Thinking」，Advanced Management, Oct. 1955

[10]　藤田一弥、『見えないものをさぐる—それがベイズ』、オーム社、2010 年

第4部
正しい発想法

第 7 章　発想法

　当たり前のことですが、プロジェクトの実現性を予測する前にプロジェクトを正しく企画・立案する方がもっと大事なことです。プロジェクトを発想する初期の段階こそが重要なのです。発想が間違っていると、おそらくそのプロジェクトの実現性の確率はかなり低く出てしまい、むりに実施しても成果は期待できません。そこで本章では間違った発想をしてしまう認知バイアスと成功する発想に導いてくれるメタコンセプト発想法を紹介します。

7.1　認知バイアスと対症療法的発想に注意しよう

　立案されたプロジェクトの実現性の予測は本書で紹介した新しいフィージビリティスタディで実現できます。しかし最初の発想を間違えていれば当然失敗します。発想はあらゆる行為の出発点であるという意味で大変重要です。日常問題、前章の商品企画プロジェクト、国の大型プロジェクトなどでよく失敗が見られますが、これらはほとんどが発想の間違いに絡んでいます。日常問題は別として、商品開発プロジェクトや国の大型プロジェクトは絶対に失敗は許されませんから、立案の段階で十分にお金と時間を掛けるべきです。ということでここではいままで本書で解説してきたことを支える礎として私が常に使っている発想法を紹介します。発想法では二つの視点が重要になります。一つは発想法そのものです。もう一つは間違った発想をする原因に注意することです。つまり発想を失敗に導く落とし穴です。それは「認知バイアス」と「対症療法的発想」です。まずこれらについて説明した後に正しい発想ができる「メタコンセプト発想法」を紹介しましょう。

7.1.1　認知バイアスはあなたを思わぬ落とし穴に落とします

　まず日常の考え方で私たちが陥りやすい間違いは「認知バイアス (cognitive bias)」です。認知バイアスとは、社会心理学や認知心理学において、無意識的に生じる認知の偏り (bias) を表す概念です。認知バイアスは、知覚した刺激（情報）を「無意識」に判断・解釈・取捨選択する

過程で生じるバイアスです。知覚された刺激は認知を経て認識されますが、認知の過程で無意識にバイアスをかけてしまうことがあります。そのため、認知の過程が偏っていたとしても、本人はそのことに気づかないのです。心理学者のエイモス・トベルスキーとダニエル・カーネマンは、認知バイアスの一部がヒューリスティクス（発見的発想で考えることで精度は保証できないけれど短時間に答えに到達できる方法）や心的なショートカットによって問題解決を図る時に生じると主張しています [1]。

　人間の判断と意思決定が合理的な思考法とは異なった方法で行われるために犯される間違いです。この認知バイアスが往々にして間違った発想をしてしまう原因になっています。

　認知バイアスにはどのようなものがあるかというと、発想の過ちに関係するものだけを拾ってみると、ハロー効果、アンカリングバイアス、保守性バイアス、確証バイアスなどがあります。

　「ハロー効果」とは、ある対象がもつひときわ目立った特徴に目が向き、その他の特徴が歪められてしまう現象です。つまり目立った特徴に引きずられて判断・評価してしまうバイアスです。優れた特徴が目立つ場合は良い方向に偏った評価をする傾向があり、劣った特徴が目立つ場合は悪い方向に偏った評価をする傾向があります。例えば「彼は学歴が高いからよい発想ができる」などと考えてその人だけに任せてしまったり、その人の考えは常に正しいと認めてしまったりする落とし穴です。学歴などに関係なしに文殊の知恵を出し合う方がよっぽど間違いのない優れたアイディアが出てきます。後述する正しい発想法を用いれば誰でも素晴らしい発想ができるものなのです。学歴とか専門性だけに頼って発想を任せてはいけません。つまり目立った特徴に惑わされてはいけません。

　「アンカリングバイアス」とは、最初に提示された数値（情報）に引きずられて、後の数値の判断が歪められる傾向のことです。例えば、「この試験の合格率は何％ですか」という質問をする場合に、「70％より高いですか」と付け加えるか、「10％より高いですか」と付け加えるかによって答えの傾向が変化することです。数値だけでなくあまりに具体的な情報に引っ掛けて発想を促すと間違いに陥りやすいので注意しなければなりません。

　「**保守性バイアス**」とは、ある見解や予想や個人的な信念に固執することです。人間が新しい事実に直面したときに、それまで持っていた考えに固執して、その考えを徐々にしか変化させられない傾向を指します。例えば「成功体験」もその良い例でしょう。成功体験はよほど注意しなければなりません。特に上司やリーダーが成功体験のバイアスに引っ張られているときは注意しなければなりません。なぜかというとその成功はその人個人の能力だけが要因ではないからです。その時の外部環境や内部環境がたまたま有利に作用していたかもしれないからです。成功した時点から外部環境や内部環境は当然変わっているはずです。

　「**確証バイアス**」とは、自分の仮説や信念を検証する際に、自分に都合の良い情報ばかりを取り入れ、都合の悪い情報は無視したり取り入れなかったりする認知バイアスです。甘い予測をするのもこのバイアスに入ります。例えば「ものの生産は人件費が安い中国でするべきだ」という考えに固まってしまうと、「そのうち中国も人件費は高騰するよ」とか「中国人の性格から高い品質は望めないよ」とか「ベトナムの方が良い品質の生産ができるよ」というような自分の意見を否定する情報を受け付けなくなるバイアスです。またそのような意見を持つ人を避けるようになります。これは政治の世界でもよく見られますが、発想に関係する事案でも重大な落とし穴になります。このような発想の失敗を防ぐには、自分でこの考えは本当に正しいのだろうかと考えたり、人の意見に謙虚に耳を傾けたりすることが重要になります。

　例えば「今日の午後会議があるはずだから、それまでにこの仕事を片付けておこう」と考えたとします。ここでの思い込みは「今日の午後会議があるはずだ」です。そこでこれを否定するもしくは確認する情報を調べるのです。つまり「今日の午後会議があるだろうか」と考えて手帳のスケジュールを見直してみたら、なんと「今日は午後ではなく午前 10 時からだった」ということを知ってあわてて会議室に走っていく……などというふうに一度確信を持った事実を否定して認知バイアスを避ける努力をすることです。つまり人に対する先入観や具体的な情報に対する先入観を捨て、自分や上司の成功体験に振り回されず、自分の意見や考えに対して不利な情報も勇気をもって受け入れることが大切だということです。

　このほかに認知バイアスは社会関係、人間関係に影響を及ぼす面白いものが多数あります。「根本的な帰属の誤り」という個人の性格や気質など内的要因に偏重し、状況要因を軽視してしまう認知バイアスとか、「後知恵バイアス」と呼ばれるある出来事が発生した後にこの出来事は予測可能だったと考えたりするバイアスもあります。極め付きは「ダニング・クルーガー効果」といわれるもので能力の低い人ほど、自分の発言・容姿・行動などを実際よりも高く評価して優越の錯覚をする現象です。自戒しなければいけないと思います。興味のある方はもっと調べてみてください。

7.1.2　対症療法的発想は危険です

　失敗する発想法の代表が「対症療法的発想」です。対症療法では根本的な問題解決にならないどころか、かえって事態を悪くしてしまうことが往々にしてあります。風邪をひいて発熱したときの対症療法は解熱剤を使って熱を下げてしまうことです。異常に高熱が出た場合は別ですが、このような対症療法ではかえって免疫力を下げてしまい回復が遅くなってしまうので良くない治療法だと考えられています。体を健康に戻すもっと根本的な治療法があるはずです。この例からも対症療法は良くないことが明らかです。

　しかし、人は無意識に対症療法的発想をしてしまいます。その根本的な原因は多分脳の本質的な働きと関係しているのでしょう。脳の本来の機能は、ものとものを結びつけて新しい情報を創り出すことであると考えられるからです。しかもさらに悪いことには、すぐに整理分類して保存したデータつまり記憶に短絡的につなげる発想をしてしまう性質があるようです。そうすると問題が発生してそれを解決しようとしたとき、脳は直ぐにその問題と過去の記憶や整理分類したデータと結びつける作業に走ってしまいますから、より根本的な上位の独創的な発想ができず、対症療法的発想になってしまうのではないかと考えられます。長年脳内に巣くっている一種の固定観念にとらわれているのです。

　ではどうやってこの脳のくせを排除して、どうやって固定観念から抜け出せるかということが分かれば、正しい発想ができるようになるでしょう。それを可能にするのが 7.3 で説明するその問題の上位に登って発想す

るメタコンセプト発想法です。

　対症療法の良い事例（？）を紹介しましょう。2004 年 2 月 9 日の「日経ビジネス」に次のような記事が載りました。タイトルにいわく、「世界初、タイヤの空気を自動補充する自転車、町工場が生んだ『コロンブスの卵』」です。

　その記事を引用しますと、「前後輪の車軸部分に『エアハブ』と呼ぶ装置があり、そこからタイヤチューブにホースが伸びている。車輪の回転によってエアハブ内のポンプを動かし、圧縮した空気をタイヤに送り込む。タイヤが 1 回転するたびに 0.5 cc の空気が補充され、気圧が設定した数値に達すると、余分な空気が外に排出される仕組みだ——」というのです。つまり「自転車のタイヤはよく空気が抜けるのでいつも空気を供給すればよい」という対症療法的発想なのです。果たしてこれが『コロンブスの卵』とはやし立てるほどの発明でしょうか。

　よく考えてみると、長期間乗らないで放置した自転車は、しばしばタイヤはペシャンコになってしまい、走れないので空気入れで空気を入れなければなりません。上記の発明は走られなければ「役立たず」であるという欠点をもっているのです。ついでにもう一つこのアイディアの欠点を指摘すると、タイヤ圧が設定圧になってもポンピング作用は続きますからこれは無駄な仕事となり、値は小さいかもしれませんが走行抵抗を増やしてしまうことになります。

　では、もっと根本的な解決策は何かと考えてみると、タイヤの空気が抜けると何が困るかと考えるのです。そうすると「地面のでこぼこから来る衝撃が自転車に乗っている人に伝わってします」です。ここから上位の本当の目的が明らかになります。つまり本当の目的（つまり上位の概念）は「地面の凸凹からくる衝撃を自転車に乗っている人にできるだけ伝わらないようにする」です。この上位の目的から発想するともっと優れた根本的な解決策がいろいろ出てきます。その一つは、空気を使わないでしかも地面の凸凹からくる振動を伝えないタイヤを開発すればいいのです。例えば軽くて、復元性が良くて、軽いスポンジのようなタイヤ材料を開発すれば、空気補充装置のような凝った発明はまったく必要なくなってしまいます。しかも長時間放置しておいてもタイヤがペシャンコになることもない

し、走行中の走行抵抗を増やす副作用もありません。もしくは一歩譲って、何年も空気の抜けない空気タイヤシステムを発明しても良いでしょう。このように発想すれば上記発明品より低コストで性能の良い解決策を実現できます。これがメタコンセプト発想法です。

　このように世の中には対症療法的な発想や認知バイアスに陥った解決策が沢山はびこっています。理想的なものからはほど遠く、お金と時間を無駄にして、しかもひどい副作用もあるものが出回っています。例えば、生体も壊してしまう抗がん剤の開発とか、保険医療費の財政負担を改善するために診療報酬や薬価をいじり、国民の負担を増やしたり、米価を維持するために生産量を抑え込んだり、子供の将来の幸せは良い大学に入ることだと確信バイアスに陥ったり、数え上げたらきりがありません。このようなデータを集めるのは結構面白い遊びになるかもしれませんけど...。

7.2　情報収集と正しい価値基準

　太平洋戦争で日本が負けた一つの原因は、日本軍の暗号をアメリカ軍がすべて解読していたことだといわれています。つまり情報戦で負けたのです。そもそも戦争を始めるという判断が間違っていたわけですから、そのような判断をした価値基準が間違っていたのです。このような例からもプロジェクトや事業を始めるときに情報収集と価値基準がいかに大切かということがわかります。ここではこの二つのことについて考えてみましょう。

7.2.1　情報収集―しっかり調べましたか―

　よく調べもせず思いつきで発想することは無謀と言うより愚かなことであり、私たちはもっと情報の大切さを認識するべきでしょう。

　西堀栄三郎の話を紹介しましょう。1956 年 11 月 8 日南極観測船「宗谷」が多数の人に見送られて東京晴海埠頭を出航し、南極に向かって旅立ちました。終戦後まだ 11 年しか経っておらず、日本経済は大戦の大打撃からようやく立ち直ってきた頃です。そのようなときに、地球の現象に関わる多くの項目を世界同時に観測する目的で立ち上げられた国際地球観測年のプロジェクトに日本も参加しました。そのとき観測基地として日本に

175

は南極圏内の東オングル島が割り当てられました。

　南極観測隊長には東京大学理学部教授の永田武が、副隊長に西堀栄三郎が選ばれました。実は副隊長の西堀は 11 歳のときに、南極探検から帰ってきた白瀬中尉が撮影した南極の活動写真を見てその雄大な景色に心を打たれ、いつかチャンスがあったら南極へ行ってみたいという気持ちをもっていました。西堀はその著書 [2] の中でこう述べています。

　　「こうした志というか、願いというか、夢というか、そういうものを持っていると、いつか実現の道が開けてきます。人間は生きていくうちに、必ずどこか分かれ道に行き当たるものですが、そのとき、夢とか志があると、ついそっちの方を選び、チャンスをつかむことになるのです」

　そしてなんと 42 年後の 53 歳になって南極観測副隊長、第 1 次南極越冬隊長になったのでした。

　彼は 36 歳のときにアメリカに留学し、その時に南極に関する情報を集め始めました。南極に行きたいという夢が彼に南極の情報を集めさせたのです。

「私が、アメリカに留学していたとき、土曜、日曜の休日に何をして過ごそうかと考え、"そうだ、南極へ行ったことのある人を訪問してやろう"と思いつきました。アメリカにはバードさんなどと一緒に南極に行ったことのある人がいますから、その人たちに会ってみようと思ったのです。

　これが一つの分かれ道といえますが――その人たちに会ってみると、とても親切で、いままで何年間もつきあってきたようです。全く人種を越え、歴史を越えて、私たちは大変親しくなりました。その中には、犬ひきがいる、コックさんがいる。そういう人たちは"偉い人"ではありませんから、南極のことで訪ねられることもないのに、日本からわざわざ訪ねて来てくれたというので、とても喜んでくれ、親しく接することができました。

　また、古本屋へ行っても、まるで心の奥底から指図でもあるかのように、フッと手が南極の本をとっています。それらの本をたくさん買い込んで、日本へ帰ってきました。当時は飛行機でなく船でしたから、荷物は多くても運賃はあまりかかりません。

　もって帰った本はたくさんあるので、そう簡単には読めないのですが、幸か不幸か戦争（第二次世界大戦）が始まり、ほかに読む本がなくなったので、読むといえば南極の本ということになってしまったのです。

　当時、私は、南極へなど行けるとは考えていませんでした。しかし、手の届かない高嶺の花かもしれないが、そのことを思っているということは、心のささえでもありますし、それが励みになっていく。夢というものはそういうものではないでしょうか。」

　西堀の場合は南極に行くことが決まってから情報を集めたのではなく、行く前に夢を持ちながら、なんとなく将来のためにこの情報を集めようと閃いたわけです。情報というのはそれが必要になってから急に集めようとしてもなかなかすぐ集まるものではありません。大抵の場合いつの間にかその必要性を予感して情報を集める行動に走っているようですが、無意識でなくても常に意識して集める行動をすることがいかに大切かわかります。情報を集めておいた方が良いという予感は、彼も述べているように持っている夢に由来しています。その意味で夢とかビジョンを持つということは情報を集めるうえで大切であることがわかります。このようなわけで当時南極のことを本当に知っているのは西堀しかいませんでしたので、計画の細部まで彼が指導して南極越冬を成功させました。

　もちろん西堀の場合知識という情報だけでは不十分で、体験という情報を集める行動にも出ました。西堀は観測隊員30人を連れて北海道の網走に行き、氷点下20度で強風が吹き付ける状況を体験しています。そこでは強風のためにテントはあっけなく吹き飛ばされたり、発電機のオイルが固まり動かなくなったりという経験がまた貴重な情報となったのです。必要な情報のためには実際に経験するということも大切な手段であることを教えています。以上のような情報があって、はじめてこのような大きなプ

ロジェクトは成功しました。

　ここで言いたいことは、新しいことをするときにはあらかじめ十分な情報をあつめてから発想しないと成功しないということです。ちょっとした努力で情報は入手できるのに、それすらしないで山勘で済ますなどはもってのほかです。調査は大変であっても手間を惜しまず情報を収集することをおろそかにしてはいけないということです。

　国のいろいろなプロジェクトは十分な情報を多大なお金を掛けて収集しているはずですが、どうして失敗するのかという反論があるかもしれません。これはいろいろな原因があるので一概にすべてこれが原因だとはいえませんが、結局はフィージビリティスタディが不十分ではなかったかということです。

　では具体的にどのように情報を集めればよいかが次に問題となります。単に情報を集めろといっても、文献を調べたり、インターネットで調べたり、人に聴いたりするだけでは不十分であることは想像されます。何かが欠けているのですが、それが何かというと、もう既に西堀栄三郎の話から気づかれた読者もいると思いますが、プロジェクトに関係した夢やビジョンを持つことだと思います。どうしてそこから必要な情報が見つかるかというと、そのメカニズムは一般に次のように考えられています。

　人間の脳には聴覚、視覚、触覚、味覚、嗅覚などのすべての外部情報が通過する神経の束、網様体賦活系 (reticular activating system、RAS) というものがあり、必要とする情報のみがここを通過するのです。例えば、わたしたちは日常あらゆる種類の音に囲まれています。これを全部同時に脳に取り込んだらわたしたちの頭はパンクしてしまいます。他の器官から入ってくる情報も同じです。しかし、幸いなことに脳内にある RAS がわれわれの必要とする情報だけを取り込んでくれるので静かな生活が送れているのです。

　もしビジョン（もしくは日頃の仕事上の問題でいいのですが）をもっていると、このビジョンに必要であると RAS（脳）が判断した情報を幅広く見つけて脳内に取り込んでくれます。必要な情報を RAS が勝手に選んで取り込んでくれるのです。そういう脳の状態で、現場に行くとか、インタビューをするとか、新聞・TV のニュースなどの情報源をよく見ると

か、旅に出るとかすると簡単に必要な情報が脳にとりこまれます。

さて折角このように取り込まれた情報が、ただ知識として脳内にしまい込まれているだけでは意味がありません。情報同士がいろいろ組み合わされて新しい情報にならなければなりません。そこで登場するのが脳の器官の一つである海馬です。

RASで選択された情報は海馬というところに送られます。海馬は人間の生存に絶対必要な情報だけを記憶に植え付ける作業をするので、まずビジョンがわれわれの生存（少々大げさな表現ですが）にとってとても大切であることを意識しなければなりません。つまりビジョンを思い続けるのです。海馬はここに集まった情報を、ビジョンに合うようにいろいろな組合せや整理統合作業を行ってくれるのです。しかもこの作業は人が寝ている間に無意識に行われるそうです。その結果ある日ある時突然、解決策がパッと閃くのです。つまり新しい発想が創造されるのです。

さらに付け加えるならば、海馬のそばに扁桃体という組織があり、この組織は感情を扱うのですが、同時に海馬と互いに関係し合っています。ビジョンを実現したいという欲求やわくわくした感情はこの扁桃体を活性化し、さらに海馬に働きかけるので、海馬はさらに上記の作業に活発に励むことになるそうです。

7.2.2　正しい価値基準を持とう―間違った価値基準は道を誤らせます―

企業のトップが間違った価値基準で発想・判断して企業や団体を傾かせてしまった例はいくつも見られます。儲け第一主義で顧客に奉仕するという価値基準を二の次にしてしまうなどの誤った価値基準で発想するのはもってのほかです。一方正しい価値基準で発想して組織を運営すると組織は発展し安定します。松下幸之助はその好例です。松下幸之助の価値基準の一つは彼の英文伝記[3]に次のように書かれています。

> 「製造業者の使命は貧困の克服にある。社会全体を貧しさから救って、富をもたらすことにある」
> 「企業人が目指すべきは、あらゆる製品を水のように無尽蔵に安く生産することである。これが実現されれば、地上から貧困は絶滅さ

　れる」

　1932 年当時の話なので、時代背景を「貧困」という言葉で反映されて
いますが、このような正しい価値基準のもとに経営されたからこそ現在の
パナソニックが存在するわけです。いつの時代にあってもその時代に合っ
た正しい価値基準に基づいて発想し行動していれば間違いありません。

　東芝の例 [4] はその逆です。舛岡富士雄東北大学名誉教授は 1980 年代
に東芝に在職時にフラッシュメモリの特許を出願しました。当時の計算機
の記憶装置は揮発性（電源を切ったらデータが消えてしまう）の半導体の
DRAM が主流で東芝はこの製造にまっしぐらでした。しかし舛岡は不揮
発性（電源を切ってもデータが保持される）半導体が磁気テープやハード
ディスクよりもサイズは小さくて再生速度が速く、衝撃にも強いので、コ
ンピューター用記憶装置だけでなくそれ以外にも圧倒的に市場が広がると
みていました。これが彼の価値基準です。1985 年 2 月に 256K の原型フ
ラッシュメモリを国際会議で発表したら、インテルが早速チップのサンプ
ルを求めてきました。日本の企業はどこも注目せず、ましてや東芝の中で
は無視されて研究費は 1 円も出さず、かえって彼を窓際の部署に外してし
まいました。彼はその後自由に研究できる東北大学に移ります。東芝内部
の人は彼が辞めるのを喜んだそうです。

　その後のフラッシュメモリの運命は悲劇です。東芝はサムスン電子と
NAND 型フラッシュメモリの共同開発に踏み切って技術を供与してしま
います。サムスンに技術を売らなければ東芝はマーケットを独占できたか
もしれません。将来の利益の種を売ってしまったのです。さらにフラッ
シュメモリ事業を売却してしまいました。IBM やインテルはこの発明を
高く評価しましたが日本では何の反応もなかったそうです。

　当時東芝は 1 メガビット DRAM の開発で世界を制覇するほど成功を
収めていました。したがって東芝の価値基準は「DRAM で事業をさらに
発展させる」（東芝の社風の価値基準は「一社員に勝手なことをやらせな
い」だったのでしょうか）だったわけです。この価値基準は前述の保守性
バイアスや確証バイアスから出てきていることは明らかです。今日のフ
ラッシュメモリの絶大な価値を認識できなかったわけです。

180

　2017 年度の東芝は、営業利益 4300 億円のうちの 90 ％近くを NAND 型フラッシュメモリが稼いでいたそうです。そのメモリを売却すると、東芝にはカスしか残らないと言われていたそうです [5]。フラッシュメモリがいかに大切な製品だったかが分かります。

　2000 年代の東芝の衰退を見ればわかりますが価値基準を間違えると企業の運命はとんでもないことになることがお分かりいただけたでしょうか。前述しましたが価値基準は一つではありません。すべての価値基準を洗い出してそれをもとに発想し評価しなければなりません。

7.3　正しい発想法１：メタコンセプト発想法

　では正しい発想をするにはどうしたらよいでしょうか。世の中には数多くの発想法が提案されています。しかし、いずれも何かが不足している気がしてなりません。つまり発想の手順です。メタコンセプト発想法は発想法の原点ともいうべき発想の手順を教えてくれる発想法です。

　筆者は以前仕事でも日常の家庭のことでもしばしば発想の失敗を繰り返して来ましたが、どうしてそのような失敗をするのかと悩み抜いたあげくに生み出されたのが、メタコンセプト発想法です。

　若いころ次のような失敗をしました。真っすぐな楊枝は奥歯に対して使いにくく困ったことがありました。そこで対症療法的発想で先が曲がった楊枝が良いと考えました。特許を取るより手っ取り早いと考えて、家庭用品を扱っている大きなスーパーの支店長に売り込んだりしましたが、体よく断られました。交渉の末に「頑張ってください」などと温かく応援されて店を出たことを覚えています。それから数年してドラッグストアで糸楊枝（デンタルフロス）が売られているのを見つけました。この方が先の曲がった楊枝より数段に優れていることは明らかです。どうしてこんな発想の失敗をしたのか悩みました。この発想法は私のこのような苦い失敗経験の繰り返しの中から学習して、原理としてまとめたものです。

　メタコンセプトとは直訳すると「上位（メタ）の概念（コンセプト）」という意味で、問題を解決しなければならないときに、その「本当の目的は何か」という上位の概念から発想することを意味しています。そうすると対症療法的発想の呪縛から解放されます。このように本当の目的から解

決策を考える発想法を「メタコンセプト発想法」といいます。

　この発想法の基本は、何事も始めるときは原点に遡って考えないと失敗するよということを意味しています。枝葉のことばかり考えてしまうと幹から離れて本質を見失ってしまいます。一度幹に戻って、より高みに登り、遠くまで見通して発想すると正しい道筋が見えて、正しい解決策に到達できるのです。とくに大きなプロジェクトになればなるほど失敗することは許されませんから、メタコンセプトの考え方は重要になります。

　別の見方をすると、ある目的を達成しようとするとき、現状の改善では根本的な解決にはならないということです。例えばどんなに自動車の高速化を図っても、速く目的地に到達したいというときは、地上に張り付いている発想ではイノベーションは起きません。地上から離れて空を飛ぶ発想をしないとだめです。現状を否定しないと革新的な発想は出てきません。メタコンセプトで考えるとは現状を否定して上にあがり従来とは違う発想をするということです。

　ではメタコンセプトは簡単に見つけられるでしょうか。実はここに紹介する方法を使えば意外と簡単にできます。それは、問題が与えられたときに、「その問題が解決しないと何が困るか」ということを最初に考えるのです。「その困ることを解決することを言い換えるとそれが本当の目的」になるのです。その目的にかなう解決策は、理論的には最初に設定した問題を自動的に解決しています。しかも対症療法的発想で出てきた解決策も含めて最良の解答になっています。

　今やっている仕事でも惰性でただ効率化を図る改善をするのではなく、このやり方でいいのだろうか、この仕事の本当の目的は何だろうかと考えるくせをつけておくとメタコンセプト発想法が身に付きます。

　本当の目的の見つけ方を図 7.1 で説明しましょう。まず問題とかニーズが提案されたとき、その問題・ニーズ [A] が解決されないと何が困るかと考えます [B]。これは簡単に考えられます。次にこの [B] を結果として解決してくれる本当の目的つまりメタコンセプト [C] は [B] を言い換えて表現し直すことによって明示されます。[C] は [B] の表現を変えただけなので誰でもできます。このようにすればメタコンセプト [C] が簡単に見つけられます。このメタコンセプト [C] を解決する解決策は数多く存在し

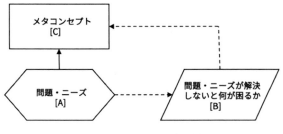

図 7.1　メタコンセプト発想

　ます。メタコンセプトの [C] からいろいろな解決策を発想するのには従来の発想法、例えば何人かのメンバーとブレーンストーミングする方法などが使えます。その中から最良のものを見つければ、それが必然的に問題・ニーズ [A] の根本的な最良の解決策になっています。
　では具体的な例で説明しましょう。

　例題：「自動車のワイパーは土砂降りの雨になると前方が見えなくなる」... どうしたらよいだろうか？

　普通の対症療法的発想法だと、ワイパーの動きをもっと早くするとか、ワイパーの形状を変えようとかいうことを考えます。メタコンセプト発想法ではまずメタコンセプトを見付けます（図 7.2）。そこでこの問題が解決しないと何が困るかと考えてみると、「土砂降りの雨になると前方の視界が不良になり障害物や車と衝突する」（図の表現は簡略化してあります）ことが困るわけです。そうであればそれを解決するためのメタコンセプトは「視界不良の環境でも障害物に衝突しないで走りたい」ということになります。
　ここでメタコンセプトの表現に注目してください。単に土砂降りの雨の時だけを表現していません。例えば夜間にヘッドライトが故障して点灯しない場合や濃霧で視界不良になった場合も含ませるように適用範囲を広げてあります。このようにメタコンセプトの表現しだいでは解決策の汎用性が広がることにも注意してください。

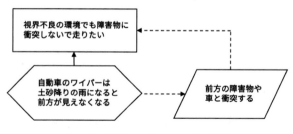

図 7.2　例題のメタコンセプト展開

これを実現する解決策を考えてみると、

① ミリ波センサーを使って前方の障害物をセンターディスプレイ画面で認識する
② レーダーセンサーを使った前方認識警報システム（既に実用化されている）
③ 障害物や側溝や崖を自動的に回避して自動運転するシステムを開発する
④ 道路側に自動車の誘導システムを設備する
⑤ ゴルフ場のカートの自動運転のように道路に線を埋め込んでここからの信号で車を自動運転に切り替える
⑥ 道路を地下方式にする

など、技術開発が必要ですが突飛なアイディアも含めて最初の問題を解決するいろいろな総合的な発想ができます。対症療法的発想でワイパー自体を改善するより格段に効果的で汎用性の広い根本的な解決が得られます。もしこれらのどれかが実現するとワイパーの「改良」は不要になってしまいます。

それでは読者の皆さんに質問です。

「健康であることの本当の目的はなんですか？　」

　単に長生きすることですか。この本当の目的を見つけるためにはメタコンセプトから考えればいいのです．健康でないと何が困りますか？　その困ることを解決することが健康でなければならない本当の目的です。このメタコンセプトは人によって違うでしょう。それが人生の目的にもなっているかもしれません。人生の本当の目的についてこれを契機にもう一度考えてみてはいかがでしょうか。

　企業にとっても同じです。企業にとって一般に収益は大切なものですが、収益がないとなにが困るかを考えると収益自体が目的ではないことが分かります。企業にはもっと上位の目的があるはずです。

　それでは読者の皆さん、演習として次の問題をメタコンセプト発想法で考えてください。(1) は文系の方は飛ばして下さい。

(1) 設計不良のある図面がなかなか減らせない（悩み多い設計課長）
(2) 最近パソコンで仕事を長くやっていると目は疲れ肩も凝る（年配の部長）
(3) 医療費の増加を抑えたい（政府）
(4) 子どもが勉強しないで困っている（子どもを良い学校に進学させようと躍起になっている母親）

　ひとつの解答例は次のようになりますが、皆さんの回答はいかがでしたか。

(1) 設計不良のある図面がなかなか減らせない（悩み多いデザイン課長）
　回答例：これが解決しないと「お客様に良い製品が納期内に利益を出しながら納入できない。設計不良ばかり出して作り直しばかりやっていると、コストがかさみ利益が減ってしまう」という問題が発生する。これを解決するために、

　　メタコンセプト 1「良い製品を納期内に納めたい」
　　メタコンセプト 2「収益を上げたい」

この二つのメタコンセプトを満たす解決策を見いだせばよいでしょう。

　メタコンセプトを二つに分けるのが煩わしければ次のように一つにまとめても良いでしょう。

　　　「お客様に良い製品を納期内に納めかつ収益を上げたい」

　このような目的になると、極論すれば図面にある設計不良を一所懸命減らすことにとらわれる必要はないのです。極端に言えば設計不良があっても、お客様に良い製品を納期内に届けることができて、収益が上がればよいのです。

　対症療法的発想では直ぐチェックリストを充実させるとか、グループリーダーにしっかりチェックさせるとか、現在の要員で何とかしようというアイディアしか出てこないでしょう。

　設計不良が多発する原因の一つは設計課のマンパワーの不足が挙げられます。例えば、経験豊富で発想豊かな、しかもまだまだ元気に働ける定年退職した設計技術者たちを妥当な給与で再雇用し、その人たちに図面を専門的にチェックしてもらい、さらに若い設計部員の教育もしてもらう。そうすれば定年退職者も仕事を通して会社や社会に貢献できるし、後輩を教育できるという満足感を味わえるので一石三鳥です。現在の企業人事はこのような流れになってきているようです。

　このほかにも CAD に AI を組み合わせて設計ミスもチェックできる新しい設計ソフトを構築して製品化できらそれも商品として販売するとか、もっと他にも良い手がありそうですが、これから先は読者にお任せします。

(2) 最近パソコンで仕事を長くやっていると目は疲れ肩も凝る（年配の部長）

　回答例：これが解決しないと「仕事が滞ってしまう」ことが困るので、メタコンセプトは「仕事を順調に流したい」ということです。

　仕事を順調に流せればよいので、会社全体の仕事の流し方を改革することが考えられます。例えば年配の部長氏からの指示は直接もしくは電話で

アナログ的に行うと同時に音声認識システムを使ってパソコンに記録させ、相手からはその指示内容を確認情報としてデジタルで自動で返してもらう。また指示に対する結果もアナログ（電話や面談など）とデジタル（確認と保存のため）両方で提出してもらう。これらのデジタルデータをAIで整理管理して今後の仕事の効率化に利用する。こうすれば年配の部長氏のパソコンに向かう時間が大幅に減らせて目の疲れや肩凝りは軽減されるでしょうし、直接電話のやり取りの方が細かいニュアンスを伝えやすく仕事の流れもスムーズにいきます。最近は隣に座っているのにメールでやり取りして人間関係が希薄になっているという話をよく聞きますが、人間関係の改善にも役立ちます。最近はインナーイヤー型のヘッドセットの利で、移動中でも報告受けたり指示を出したりすることが普及しているようです。

　対症療法に走ってしまうとすぐパソコンに入力する環境やめがねを変えたりマッサージにかかったりすることばかり考えてしまい、成果（仕事の効率アップ）は期待したほど上がらないことにいらだちを覚えるかもしれません。

（3）医療費の増加を抑えたい（政府）

　回答例：これを対症療法的に解決しようとすると、医療保険単価を下げようとしたり、後期高齢の医療負担を増やしたりするというお粗末な発想になってしまいます。それに対してメタコンセプト発想法でいくとどうなるでしょうか。

　これが解決しないと「国民が病気になったとき十分な治療を受けられない」という問題が考えられますが、これではまだ不十分なので、もう一つ上に上がってみましょう。

　問題「国民が病気になったとき十分な治療を受けられない」が解決しないと何が困るかと考えると、「国民が健康な生活を送れない」ことです。これからメタコンセプトは「国民が健康な生活を送れるようにしたい」となります。

　これが本当の目的であれば、何も後期高齢者（筆者もすでにこの歳ですが、この言葉は実にいやな響きがして好きではありません）に新たな負担

増を求めたり、医師会と医療費単価を下げる交渉に血道を上げたりする必要はないのです。なぜなら国民が健康であれば国の医療費の出費は必然的に減少するはずだからです。つまり国民が健康になるような施策の方にもっと財政投入すればよいのです。こちらの方がよっぽど安上がりですし、しかも国民の健康が維持され本当の幸せを実現してくれるので、国民のための施策になるはずです。もちろん医療費が高過ぎるのであれば直ぐ是正する必要はありますが。

　そのためにはどうすればよいかというと、例えばできるだけ多くの国民が楽しく参加したくなる、しかも健康維持に役立つ国民健康体操（もしくはゲーム）を研究開発して国民に普及するというのも一つの考え方です。この場合健康度を簡単に測定できる機器、例えば体脂肪だけでなく他の指標（生化学検査に相当する指標）も測れる安価な計器を研究開発した上で普及させることも必要になるでしょう。栄養バランスも良く美味しいレストランを普及させ支援し、国民にはそのための補助券を支給するなどの施策も効果があります。スゥエーデン体操もスゥエーデンの国民を健康にして、しかも体格を向上させるのに貢献したと聞いています。日本は公園の数も質も貧弱ですね、芝生豊かな公園を沢山作る方に投資することもよいでしょう。その維持費の方が医療費よりもずっと安くつくはずです。蛇足かもしれませんが、第6章で紹介したバーチャルバイクのような健康器具を購入する費用を経済的支援するのも一策かもしれません。

　さらに高齢者の体力維持に効果がある、安くて、楽しい、みんながやりたくなる趣味のスポーツに政府が経済的支援をすることも効果があります。例えば筆者はゴルフが趣味ですがプレー費の支援があればもっと多くの人がプレーできるでしょう。ゴルフは自然の中を歩くし（ワンラウンドで1万歩は歩きます）、体の筋肉も使うし、戦略を考えるので頭も使うし、プレーヤー同士の交流もできるので引きこもりを改善できるし、国民の健康維持には最適な高齢者用スポーツの一つだと考えます。

（4）子どもが勉強しないで困っている（子どもを良い学校に進学させようと躍起になっている母親）

　回答例：これが解決しないと「良い学校に入れない」。良い学校に入れ

ないと「子どもが幸せな人生を送れない」という問題を多分この母親は考えているのでしょう。この思考の流れにはかなり論理的な飛躍がありますが、これを正しいと仮定すれば、メタコンセプトは「子どもを幸せにしたい」ということになるでしょう。

このメタコンセプトから考えれば、子どもを幸せにするには何も受験校に子供を無理矢理押し込める必要はないのです。子どもがもっと自分に合った夢を探せるように支援し、子どもの夢を理解し、その夢を実現する道に導いてあげれば子どもは幸せになるはずである。その道はきっと一流大学を出て大企業に就職してサラリーマンで一生を終えることばかりではないはずです。

モノづくりが好きな子供がいて大工になりたいとしたら大学まで行かなくても、どこかの腕のいい大工に弟子入りさせてもらってもよいでしょう。フランス菓子のパティシエになりたい子どもがいれば、むしろフランス菓子屋にでも行って修行し、将来はフランスで勉強する道などを考えたらよいでしょう。そのためにフランス語の勉強を自主的に熱心にするでしょう。子どもは自分の夢を実現するプロセスにこそ生きがいを感じ、その目標を実現するのに必要な勉強は親に強制されなくても夢中になってやるはずです。

メタコンセプト発想法はあらゆる意味で大事な発想法なので、学校教育にも取り入れるべきだと考えます。この発想法はフィージビリティスタディだけでなく、普段の仕事にも、日常の問題にも使えますし、また使わなければ損です。この発想法は一度身に付くとクセになって、意識しなくてもこの発想法で考えるようになるので、ぜひこのレベルになるまで学習していただきたいと思います。

この発想法は会議などでも非常に有効です。仲間がいろいろなアイディアを出したとしましょう。とくに対症療法的アイディアばかり出たとしましょう。そこにあなたがメタコンセプトから発想したアイディアを提案すると、仲間の出したすべてのアイディアが色あせてしぼんでいくのが見えるはずである。なぜならあなたのアイディアは仲間の出したすべてのアイディアを包含しかつその上を行くからです。

メタコンセプトは 1 段上だけでもよいし、場合によっては、2 段、3 段

上のメタコンセプトから出発しないとうまくいかない場合もありますが、あまり上がりすぎると抽象的になりすぎて具体的な発想がしにくくなるので注意してください。

　話は変わりますが、元トヨタ自動車工業 (株) 副社長の大野耐一が考案した「なぜなぜ分析」[6] という発想法が似ているのではないかと思われる方もおられるでしょう。しかしメタコンセプト発想法はこれとは似て非なるものです。その違いを説明しましょう。

　なぜなぜ分析の例を彼の著作から引用してみましょう。

　問題：「ある機械が動かなくなったとします」
　(1)「なぜ機械は止まったか」
　...「オーバーロードがかかって、ヒューズか切れたから」
　(2)「なぜオーバーロードがかかったのか」
　...「軸受部の潤滑が十分でないからだ」
　(3)「なぜ十分に潤滑しないのか」
　...「潤滑ポンプが潤滑油を十分くみ上げていなからだ」
　(4)「なぜ十分くみ上げないのか」
　...「ポンプの軸が摩耗してガタガタになっているからだ」
　(5)「なぜ摩耗したのか」
　...「ストレーナー（濾過器）が付いていないので、切り粉が入ったからだ」

　以上、5回の「なぜ」を繰り返すことによって、ストレーナーを取り付けるという対策を発見できたのです。「なぜ」の追求の仕方が足りないとヒューズの取り替えやポンプの軸の取り替えの段階で終わってしまいます。そうすると、数ヵ月後にまた同じトラブルが再発することになります。

　これはあるシステムや要素が機能不全に陥ったときに、そのトラブルを繰り返さないためには有効な手段です。しかし、よく見ると個々の表現は少し違いますが実は対症療法的発想の繰り返しであることが分かります。つまり「対症療法的対策を探索するときにはなぜなぜ分析を用いてもよ

い」ことが分かります。

　では逆にこれに近い問題として、この機械は NC 旋盤で、機械も潤滑油
供給ポンプも他のシステムもすべて正常であったとしましょう。それでも
NC 旋盤はオーバーロードで止まってしまった。これをなぜなぜ分析で分
析するとどうなるでしょうか。

　(1)「なぜ機械は止まったか」
　...「オーバーロードがかかって、ヒューズが切れたから」
　(2)「なぜオーバーロードがかかったのか」（ここからが前と違います。
　機械システムはすべて正常であると仮定します）
　...「切込みが大きすぎたから」
　(3)「なぜ切込みが大きすぎたのか」
　...「加工時間を短くしたいから」
　(4)「なぜ加工時間を短くしたいのか」
　...「納期が迫っているから」
　(5)「なぜ納期が迫っているのか」（なんだかおかしな方向に向かってい
　るような気がしませんか）
　...「予定外の仕事が飛び込みで入ったから」

　何となくどこかおかしいのではないかと感じるのではないでしょうか。
予定外の仕事の飛び込みをなくせばこの問題は解決するでしょうか。それ
は疑問です。なぜなら上記と違う原因も見つかる可能性があるからです。
　例えば (4)「作業者の能力が不十分で......」などの理由をあげること
もできるでしょう。または「営業が無理な納期で注文を取ったから」と言
うこともできるでしょう。つまりいかようにも原因を作文できるのです。
「機械の故障などのように答えが一つに限られるときは、対症療法的発想
法で正しい答えに到達」しますが、原因がいくつも考えられるような複雑
な問題には、どの原因を突き詰めればよいか分かりません。間違った結論
を採用してかえって混乱させてしまうおそれもあります。
　このような場合はやはりメタコンセプト発想法で大所高所から解決策を
見つけるのが良いでしょう。この場合についてメタコンセプト発想法で考

えてみると次のようになります。

　この問題が解決しないと何が困るかを考えます。

「この部品の納期に間に合わない」

となりますから、メタコンセプトは

「この部品の加工を納期に間に合わせたい」

ここからは考えられるあらゆるアイディアを考え出すのです。上記の例では営業、作業者の能力、機械の容量、加工条件最適化など多くの問題をトータルに解決しなければなりません。このメタコンセプトから発想すると、それらを包含したアイディアが多数発想できるし、そうしなければ根本的な解決にならないのです。したがって、機械などのシステムの故障原因を究明することと、もっと広範な、創造的発想が要求される問題とを区別する必要があることがお分かりいただけたでしょう。

　次はメタコンセプトからどうやって解決案を見いだすかを考えてみたいと思います。上の例では、いとも簡単に解決策を説明してしまいましたが、これを見付けることは意外と大変です。むしろこちらの方がパターン化できないという意味で大変かもしれません。ここは人それぞれの創造力によるところが大きいのですが、できれば創造力があまりないと思われる人（筆者も含む）にも、まともなアイディアの出せる方法が欲しいわけです。実際にはそのような虫のいい要求をかなえてくれる理想的な方法はありませんが、少しでも役立つ方法はブレーンストーミングです。１人だけでもよく使われていると思いますが、メタコンセプト発想法とブレーンストーミングを組合せるとかなり効果的です。「発展型ブレーンストーミング」ともいえます。

　ブレーンストーミングは人のアイディアに刺激されて発想が出てくるという特徴があるので、連鎖的にアイディアを創造しやすいことを皆さん経験してください。また人それぞれ個性や経験の違いなどがありますから幅広いアイディアが出てきます。

　効率的なやり方はパソコンとマイクロソフトのアプリケーションソフトVisio を使用します。Visio を使用する理由は、カード状のテンプレート

にメタコンセプトやアイディアを記入しやすく、後でグループ化するとき
に移動しやすく、修正もしやすいし、奇麗に整理できるからです。これを
プロジェクターで大きな画面に映しながらみんなで進めます。もちろんポ
スト・イット・ノートに書いて模造紙に貼り付けていくやり方もあります
が、書き直しがやりにくいし、パソコンの方が奇麗な文字で書けますし、
好きな色も使えますのでこのやり方をお勧めします。このやり方はパソコ
ンを使って一人で行ってもかなりの数のアイディアを創出できます。お試
しください。

7.4 正しい発想法 2：トータル設計の発想法

　世間の失敗に関するニュースを見聞きするたびに、この発想法を知って
いたらそのような失敗は絶対しないのにといつも思わされることがよくあ
ります。ここではシステムのデザインに関する話です。それを以下に紹介
しましょう。

　ここでいう設計とはデザインと同義語ですが本発想法は設計という名称
を使っていましたのでここではデザインの代わりに設計という言葉を使い
ます。この発想法の対象は「既に」存在するかまたは設計されているシス
テムです。どういうことかというと機能的要求が決まっているシステムが
あって、それに新しい機能的要求が追加されたとき、そのシステムをどの
ように設計したらよいかを考えるときの発想法です。非常に限定された発
想法に見えますが、実際はしばしば日常業務で遭遇することが多く、重要
な発想法です。例えば個人的な問題でも家の建て増しをするかスクラッ
プ・アンド・ビルドして建て替えするかを考えるときにもこの範疇に入り
ます。

　設計には大別して 4 種類あります。どういうものかといいますと、トー
タル設計、付加設計、組合せ設計、改良設計です。それぞれの意味は次の
とおりです。

　「トータル設計」とは、新しい機能的要求が与えられたとき、既存の機
能的要求と併せて、既存のシステムに囚われないですべての機能的要求を
新たにトータルにシステムを設計することをいいます。一種のスクラッ
プ・アンド・ビルドです。

　「付加設計」とは、「既存の」システムに新たに与えられた機能的要求を満足させるように、「既存の」システムの部分を変えたり、それに新しいシステムを追加したりする設計をいいます。

　「組合せ設計」とは、「既存の」複数システムを組合せることにより、与えられたすべての機能的要求を満足させるシステムを設計することです。この場合は新しい機能的要求の有無には関係ありません。

　「改良設計」とは、機能的要求は一切変えずに現在よりもさらに良い設計をすることです。

　ところで、設計はすべての機能的要求に対して、システムの機能が要求される範囲、つまりデザインレンジに入るように実体化する作業ということもできますが、実際にはいろいろな拘束条件によりなかなか思い通りにはできない場合があります。システムレンジをデザインレンジに入れようとするとき、これを拘束してしまう条件が存在するからです。これを「システム拘束条件」と定義します。図 7.3 にその状態を示します。その場合はシステム拘束条件を外すとシステムを動かせる自由度が増えますから、その評価項目の実現確率は高くなります。つまり良いシステムになります。

　この事実から、トータル設計は、拘束条件のある評価項目に関しては、付加設計や組合せ設計より優れているということが確定します。なぜなら付加設計の場合は、既存のシステムを利用してそれに新しい機能的要求を満たすように新しい部分を追加したり、部分を変更したりする設計法です

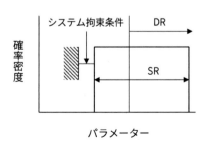

図 7.3　システム拘束条件

から、既に存在するシステムを利用しなければならず、これがシステム拘束条件になっていて理想的な設計ができないからです。

　組合せ設計も既存のシステムの組合せですから、既存のシステムがそれぞれ互いにシステム拘束条件になっていて最適な設計ができません。したがって拘束条件がある限り理想的な最適設計はできないことが分かります。つまり付加設計や組合せ設計は不十分な設計であるばかりではなく問題をおこす可能性もあります。一方トータル設計にはこのような拘束条件が一切ありませんから、理想的な優れた設計法であることが分かります。設計をするときは上記の発想法を忘れてはいけません。

　最後の改良設計は新たな機能的要求は与えられておらず、従来のままの機能的要求でありながら、元のシステムをさらに良いシステムになるように改良しようとする設計ですから、一般にはさらに良いシステムになるはずです。別のいい方をすると、この場合は一般にシステムレンジがデザインレンジからはみ出している機能的要求があるので、それをデザインレンジに入れようとするため良い設計になります。前述の設計とは同列には議論できません。例としては従来の機能的要求は変えずにコスト低減を図るように改良設計する場合が相当します。

　付加設計や組合せ設計によって当座をしのぐということは、日常的にあまりにも多く見られる行為です。一見コストもかからず手間もかからないからです。ひどい場合には、付加設計されたシステムにさらに付加設計するという屋上屋を重ねるようなことをやることもあります。このような行為はもってのほかですが、場合によっては付加設計や組合せ設計をしなければならない場合もあることは注意する必要があります。

　例えば建物の耐震強度を上げなければならないなどという場合、建物をつぶして一からトータル設計して建て直すことは、コスト的にも時間的にもまた現在使用している環境の代替ができない場合もありますから無理です。つまり、スクラップ・アンド・ビルドするとコストと納期などの実現確率が 0 かそれに近い値になる場合は付加設計するという結論になるでしょう。つまり実現性予測法でこのプロジェクトを検討しシステム実現確率はどちらが高いかということを検討する問題になるのです。

　長い目で見れば、コストや納期のデザインレンジが不適切であるという

こともあります。つまり、その時の予算は大幅に超えてしまうかもしれないが、後で回収される利益が投資を十分上回ればコストのデザインレンジを見直さなければなりません。納期についても現在多少の不便はあっても長い目で見れば多大の利益・利便性（他の機能的要求に相当します）が得られるのであれば、そのプロジェクトの納期は見直すべきでしょう。

　このように短絡的なデザインレンジにとらわれず、正しい見識をもって新しい素晴らしいものを創造した例は枚挙にいとまがありません。ここではトータル設計をして成功した一つの例を示します。

　昔の例で申し訳ありませんが、ミノルタ（現在はコニカミノルタホールディングス）が 1985 年にミノルタ α-7000 というオートフォーカス一眼レフカメラを開発・販売しました。当時オートフォーカスカメラは 2、3 販売されていましたが、すべてレンズにモーターを組み込むタイプ（付加設計）であまり売れていませんでした。

　ミノルタは従来の一眼レフの機能である多機能性の他に新たに操作の簡便性という新しい機能的要求を打ち出しました。それを実現するために、詳細は省略しますが、メタコンセプト機能（当時のミノルタはこのような発想を無意識のうちに行っていました）を明らかにしました。その機能のなかでモーターをボディに入れるか、レンズに付けるかを詳細に比較検討して、従来販売していたカメラシステムとの交換レンズの両用性（交換レンズを新しいカメラと今まで販売していたカメラの両方に使えるようにする）は犠牲になりますが、ボディにモーターを入れるというトータルデザインの方が圧倒的に使い勝手もよいし、交換レンズも安くなるというメリットが得られることを確認しました。そこでトータルデザインしたカメラの製造販売に踏み切りました。このお陰で当時としてはどのメーカーも実現していなかった素晴らしいオートフォーカス一眼レフカメラ、ミノルタ α-7000 が完成し販売されました。その結果カメラ関係の賞を十いくつも受賞し、発売開始後数年間は一眼レフカメラ市場のシェアでトップを維持するという驚くべき成果が得られました。まさにトータルデザインによる成功物語です。

　ここに「両用性」という言葉が出てきましたが、トータル設計を採用すると上記のように両用性を犠牲にしなければならない事態がよく起こりま

す。ところがここで両用性に固執すると失敗することがあります。なぜなら両用性は現存システムと共用することですから、現存するシステムがシステム拘束条件になるからです。ミノルタよりも前に製造販売されていたカメラ（両用性を大事にしてレンズにモーターを付けました）が成功しなかったのはこのためです。ただし、新しい機能的要求が与えられたとき、その新機能のメタコンセプト機能を分析して、両用性を採用しても、そのメタコンセプト機能が満たされれば問題はありません。つまりシステム実現確率を検討してどちらが良いかを決めなければならないこと注意してください。

　両用性に固執して（つまり付加設計して）失敗した例はたくさんありますが、一つ紹介しますと、1996 年ごろに起こったポスト・カセットテープ戦争というのがありました。音楽システムがアナログからデジタルに変わる大変革時期のことです。音楽の記録・再生システムにデジタル化という新しい機能的要求が与えられました。このメタコンセプト機能を分析すると、高音質、コンパクト化、頭出しの容易さの三つが考えられます。当時の松下電器とフィリップスのグループは従来のカセットテープも使える両用性にこだわりました。つまり従来のカセットテープもアンプで使えるようにしました。一方ソニー・グループは上記のメタコンセプト機能を満たすために、MD（Mini Disc の略）という新しいメディアをトータルデザインして販売競争に入っていきました。両用性を採るとテープを使用するため頭出しの容易さというメタコンセプト機能が満たされません。同じ記録容量に対する容積も大きくなってしまいます。販売競争の結果は明らかです。1996 年 9 月にとうとう松下グループが MD の方に本格参入することになったのです。このように両用性（付加設計）を採用するときは十分注意しなければなりません。

　このトータル設計法を発見（発明）したとき筆者もなかなかやるなと思ったのですが、実はよく調べてみると、このコンセプトはなんと 2000 年も前から存在したのです。新約聖書のマタイによる福音書 9 章 17 節に次の有名なキリストの言葉があります。

　「新しいぶどう酒（新しい機能的要求）は新しい革袋（トータル設計）

に入れるべきである」

　新しいぶどう酒は発酵するとガスが発生するので古い（既存の）革袋に入れると、古い革袋は弱いのでそのガス圧力で破裂して、折角の美味しいぶどう酒が流れ出してしまい飲めなくなるよ、という話をたとえにして、キリストの新しい教えは、古い宗教の枠では理解できないよという意味を教えているのです。この話からもトータル設計法は社会問題にも使えることがお分かりいただけたと思います。

　以上で発想法の話は終わります。長旅をお付き合いくださりありがとうございました。この実現性予測法はきっとあなたの仕事のお役に立てるはずです。是非この手法を活用して社会に貢献してください。

参考文献
[1]　https://ja.wikipedia.org/wiki/認知バイアス

[2]　西堀栄三郎、『石橋を叩けば渡れない』、生産性出版、2001 年

[3]　K. Matsushita、『Quest for Prosperity』、PHP 研究所、1988 年

[4]　週刊ダイヤモンド編集部、『週刊ダイヤモンド』特別レポート、2017 年 5 月

[5]　Business Journal、Web、2017 年 12 月 26 日

[6]　大野耐一、『トヨタ生産方式』、ダイヤモンド社、2009 年

おわりに

　本書で紹介した実現性予測法やデザインナビは日本の製造業の生産性を向上させる強力な手法です。この手法は生産性の向上だけでなく、いろいろなプロジェクトを成功に導くこともできる手法です。幅広い分野で活躍できる手法だと信じていますが、どんなに素晴らしいですよと説得しても、使ってもらわなければその良さは分かりません。

　本が伝える知識は重要ですが、体験しなければ本当に理解したことになりません。どんなに優れた知識や情報も頭の中に居座っているだけでは何の意味もありません。それを活用し体験して初めてその知識や情報は命を与えられます。使わなければ意味がありません。筆者がどんなに良いものですよと訴えてもどうしようもありません。そして本としては時が経てば消えていきます。

　古今東西多くの書籍が出版されてきました。そのほとんどが水の泡と消えていきました。またどんなに優れた内容の本でも、時が経てば消えていく運命にあります。ニュートンの『プリンシピア』などという大著の例外を除いて長い時代を経ても読み継がれる（出版し続けられる）本は稀です。古典として残るのはほとんどが文学書です。科学技術系の本は科学技術の進歩のために本としては消えていく運命にありますが、そこに記載された根本原理は真理であれば、その内容は存在し続け、受け継がれ、発展して他の書籍の中で生き続けます。あたかも DNA を人類が受け継いでいくように。たとえ泡沫として消えていく本でもそこに存在価値があると思います。科学技術はその時代時代の原理を踏み台にして発展し進歩していきます。天動説から始まり、ケプラーやガリレオの地動説が出てきて、それを数学的に表現できるニュートンの力学が現れ、それが量子力学やアインシュタインの相対性理論で拡張され、さらに発展して現代の物理学はまさにパラレルワールドが予測されるまでに変貌してきました。本の役目はこれらの原理を時代とともに伝え続けて進歩の手助けをしてきたことにあるのでしょう。本そのものは消えていきますがこれが本の役目の一つではないでしょう。

　この本もその運命にあります。しかしこの本が、たまたまこの時代に自

分の企業が苦境のどん底にあり、何とかして大変な苦境をこの手法で抜け出せるのではないかとひらめいた人に「藁をもすがる」気持ちで使ってもらい、役立てればこれ程嬉しいことはありません。数人の人、もしくは数社でもかまいません、本書がその方たちの「藁一本の本」になってくれたらと願っています。

筆を置くにあたってやっと脱稿できたというのが偽らざる感想です。いくつもの出版社に断られてその度に書き変えて、やっと株式会社近代科学社デジタルファースト編集部の編集長 石井沙知氏に拾われ、さらに同社編集の伊藤雅英氏に丁寧な校正をしていただき、素晴らしい本としてやっと陽の目を見ることになりました。お二人には心から感謝申し上げます。

また第3章の片持ばりの計算はすべて明治大学理工学部専任教授舘野寿丈氏に担当してもらいました。ありがとうございました。

最後に常に私を支えてくれていた亡き妻美智子、現在も私を支えてくれている息子悟、娘めぐみに感謝します。

2021年4月　前橋にて

中沢　弘

索引

著者紹介

中沢 弘 (なかざわ ひろむ)

本名 中澤 弘。

1938年生まれ。早稲田大学名誉教授、工学博士。

専門は設計論、精密工学、リーダーシップ論。

1961年に早稲田大学第一理工学部卒業。新三菱重工（現三菱重工）技師。早稲田大学理工学部助手、専任講師、助教授、マサチューセッツ工科大学客員研究員を経て早稲田大学理工学部教授。

1999年に社会人エンジニアをリーダーに育てる少人数教育機関「中沢塾」を設立。

2001年に早稲田大学を早期退職して中沢塾に専念。

2010年に中沢塾を閉校。総合的評価法「情報積算法」（本書では「実現性予測法」に進化）および開発手法「中沢メソッド」（本書では「デザインナビ」と改称）の発明者。

主な著書：『情報積算法』（コロナ社）、『精密工学』（東京電機大学出版局）、『Principles of Precision Engineering』（Oxford University Press）、『充実した人生を送るためのライフスタイル』（インプレスR＆D、Amazonで販売）他多数。

論文多数。

精密工学会名誉会員。

受賞歴：精密工学会「蓮沼記念賞」、日本機械学会「設計工学・システム部門業績賞」。

◎本書スタッフ

編集長：石井 沙知

編集：伊藤 雅英

図表製作協力：安原 悦子

表紙デザイン：tplot.inc 中沢 岳志

技術開発・システム支援：インプレスR&D NextPublishingセンター

●本書の内容についてのお問い合わせ先

近代科学社Digital　メール窓口

kdd-info@kindaikagaku.co.jp

件名に『『本書名』問い合わせ係』と明記してお送りください。

電話やFAX、郵便でのご質問にはお答えできません。返信までには、しばらくお時間をいただく場合があります。なお、本書の範囲を超えるご質問にはお答えしかねますので、あらかじめご了承ください。

製品開発を成功させる
実現性予測法

2021年5月28日　初版発行Ver.1.0
2023年7月28日　Ver.1.4

著　者　中沢 弘
発行人　大塚 浩昭
発　行　近代科学社Digital
販　売　株式会社 近代科学社
　　　　〒101-0051
　　　　東京都千代田区神田神保町1丁目105番地
　　　　https://www.kindaikagaku.co.jp

印刷・製本　京葉流通倉庫株式会社
Printed in Japan

ISBN978-4-7649-6020-6

近代科学社 Digital は、株式会社近代科学社が推進する21世紀型の理工系出版レーベルです。デジタルパワーを積極活用することで、オンデマンド型のスピーディでサステナブルな出版モデルを提案します。

近代科学社 Digital は株式会社インプレス R&D が開発したデジタルファースト出版プラットフォーム "NextPublishing" との協業で実現しています。